高等学校逻辑学专业系列教材

刘虎/主编

# 哲学逻辑导论

刘 虎 编著

科学出版社

北 京

# 内 容 简 介

本书是一本初等哲学逻辑的教科书。本书介绍了多种哲学逻辑，如模态逻辑、认知逻辑、时态逻辑、道义逻辑、条件句逻辑、直觉主义逻辑、多值逻辑等，每种哲学逻辑刻画一个对象（某个概念或某个问题），同时给出了用于刻画这个对象的逻辑理论的定义，并给予这些定义以合理性辩护。

本书适合于逻辑学、哲学等专业的高校师生阅读，也可供对逻辑学感兴趣的读者阅读。

图书在版编目（CIP）数据

哲学逻辑导论/刘虎编著. —北京: 科学出版社, 2022.6
(高等学校逻辑学专业系列教材/刘虎主编)
ISBN 978-7-03-072584-4

Ⅰ. ①哲… Ⅱ. ①刘… Ⅲ. ①哲理逻辑-高等学校-教材 Ⅳ. ①B815

中国版本图书馆 CIP 数据核字 (2022) 第 101196 号

责任编辑: 郭勇斌 邓新平 / 责任校对: 杜子昂
责任印制: 张 伟 / 封面设计: 众轩企划

科学出版社 出版
北京东黄城根北街 16 号
邮政编码: 100717
http://www.sciencep.com
北京画中画印刷有限公司 印刷
科学出版社发行 各地新华书店经销
*
2022 年 6 月第 一 版 开本: 720×1000 1/16
2023 年 3 月第二次印刷 印张: 11 1/2
字数: 181 000
定价: 79.00 元
(如有印装质量问题, 我社负责调换)

# "高等学校逻辑学专业系列教材"编委会

主　　编：刘　虎

编　　委：（按姓氏汉语拼音排序）

# 丛 书 序

孟子说，人和禽兽的差别几希，这差别在于人可以明庶物和察人伦。用现代的话说，我们既有明辨万事万物的自然科学，又有体察道德规律、人际关系的社会科学。前者探讨外物，后者考察人心，它们构成我们"文明"的基础。

两千年来，中国传统学者在检视人伦方面用力甚勤，但在明察庶物的自然科学研究上则落后于传承古希腊思想的西方同行。中国传统文献中对人伦秩序有着精到的描述，直至社会秩序和人际关系中隐微的细节。自然科学研究需要的客观、理性、怀疑精神和试验方法，则是我们需要补上的一课。

爱因斯坦说，西方科学的发展源自两个伟大的成就，即古希腊人发明的形式逻辑，以及确认因果关系的实验方法。使用基于逻辑的理性工具总结和分析实验材料，纷繁复杂的自然科学体系，不外如是。中国历史上在自然科学领域较为落后，也需要在逻辑和实验这两个方面寻找原因。

人们经常在不同的语境和意义下使用"逻辑"这个词。我们说，思考的逻辑，代表某种思维规律；我们说，讲话的逻辑，代表上下文间具有的某种联系；我们甚至说，生活的逻辑、吃饭的逻辑，代表一项活动中的某种规律性。若某人被贴上"没有逻辑"的标签，等同于指控他的愚笨。

虽然难以得到准确的、行之有效的"逻辑"的定义，但我们大体知道，逻辑是构成人类概念和知识体系的基石。逻辑由一些形式规律构成。最简单的例子如称为同一律的"如果 A 是真的，那么 A 是真的"。显然，缺少了这样的形式规律，人的心灵只是一团乱麻。这些形式规律先于知识，是知识的起点，它们规范了知识的形态和样式。它们或多或少地存在于每个人的心灵中，使得人成为理性的个体。有时，我们甚至可以互换使用逻辑和理性这两个词。

逻辑学是一门研究逻辑的学科。它最早产生于古希腊。亚里士多德是古希腊逻辑学的创立者和代表人物。亚里士多德的学说在其后两千多年里得到了延续和发展，逻辑学的基本理念和研究方法仍与其一脉相承，直到数学化的符号逻辑在19 世纪末 20 世纪初被弗雷格和罗素等发现。我们有时称前者为传统逻辑或非形式逻辑，称后者为现代逻辑、形式逻辑或符号逻辑。现代的形式逻辑并不是对传统非形式逻辑的反证。它们是相辅相成的关系。它们有着各自适用的领域，它们探讨的问题有交叉也有较大的差异。非形式逻辑在当代仍是一门有着强大生命力的学科。

逻辑学还包括其他与逻辑相关的研究和讨论。逻辑哲学分析和考察在逻辑学研究中产生的哲学问题。逻辑哲学与语言哲学和分析哲学密切相关。逻辑学史，顾名思义，探讨逻辑学的发展历史。历史上，系统性的逻辑学研究只出现于西方传统。但是，中国和印度的古代文献中也有部分零散但精妙的论述。对这些文本的研究我们归之于中国逻辑 (史) 和佛教逻辑的范畴。由于逻辑学的基础地位，它在其他学科中有着广泛的应用。我们在哲学、数学、计算机、法律甚至经济学中都能发现以逻辑学为主业的教授。这些逻辑学的应用我们统称为应用逻辑。一套完整的逻辑学教材，应该涵盖以上所述的逻辑学各个分支。

逻辑学对一个健全完整的教育体系而言是不可缺少的重要环节。逻辑学是西方传统古典课程的"七艺"之一。联合国教科文组织也将逻辑学列为二十四大顶层学科之首，与数学并列为两大精确科学。逻辑学 20 世纪传入中国，80 年代以后在中国得到高速发展。当前，中国逻辑学在研究人员的数量、研究成果的质量和水平上已经接近或达到了国际先进水平。而在逻辑学的教育和普及方面，我们和西方同行相比则有不小的差距。此次出版的这套高等学校逻辑学专业系列教材，也是我们为弥补这个差距所做的努力。

本套逻辑学教材由中山大学逻辑学科主持牵头编写。中山大学于 2007 年开办逻辑学本科专业，是我国目前唯一连续招生的逻辑学本科专业。经过十几年的教学实践和建设，我们的课程体系已经覆盖了逻辑学的各个主要分支领域。这些课程的任课教师是一批具有国际学术视野、在前沿问题上从事研究工作的中青年学者，他们也是这套教材的主要作者。此外，我们有幸邀请到十余位国内其他高校的逻辑学学者担任教材的编委工作。他们的帮助和指导将大大提高本套教材的质量和适用性。我在此一并对他们表示感谢。

刘 虎

2019 年 5 月

# 前　言

　　本书是一本讲授初等哲学逻辑的教科书。哲学逻辑，按照狭义的理解，是使用符号逻辑的方式讨论哲学问题的学科。按照现代更广义的理解，哲学逻辑是使用符号逻辑的技术方法，通过把目标问题形式化，进而理解并解决问题的学科。

　　一方面，哲学逻辑作为符号逻辑的分支，它不可避免地具有技术化、数学化的特征。理解符号、定义、定理、证明是理解哲学逻辑不可缺少的环节。另一方面，哲学逻辑并不是一门纯数学学科，它面向具体要表达和解决的问题，而对这些具体问题的理解和分析需要的是哲学辩护、概念澄清、直观或直觉的洞察等。因此，哲学逻辑具有文理交叉学科的特征。

　　任何一本哲学逻辑的教科书，必然首先要做出一个选择，是倾向于讲授数学技术，还是倾向于讲授概念基础。本书适用于为未接受过系统的逻辑学训练或仅学习过初等数理逻辑课程的学生讲授哲学逻辑。作为一本 36 学时课程的教材，本书的选择是尽量避免陷入技术细节的讨论。作者的意图是尽可能多地减少学习本书时在数学技术方面的负担。在开始写作本书时，作者希望书中不包括任何定理的证明。但在写作过程中，经过再三考虑，还是在书的 3.7 节中加上了几个证明。这几个证明都是比较简单直接的。

　　哲学逻辑的另一方面，即其哲学基础方面，本书也不会深入讨论。哲学逻辑所形式化的概念或问题，包括可能、必然、知道、相信、应当、允许、时间、时态、不确定性、直觉主义等。哲学中对这些概念和问题的讨论汗牛充栋，相关文献极其丰富，不是本书的篇幅能够概述的。在多数情况下，本书对概念的理解停留在常识理解的程度，只在必要的时候对这些概念做进一步的分类和澄清。

　　本书的重点是在符号逻辑和哲学概念的结合之处。书中关注的核心问题只有一个，即如何合理地把一个概念（或问题或理论）形式化。形式化后得到的逻辑理论，既要符合符号逻辑的技术标准，又要符合它所形式化对象的原本的概念特征。显然，本书的重点在于定义，或者说逻辑的定义。

　　本书介绍了多种哲学逻辑。每种哲学逻辑刻画一个对象（某个概念或某个问题）。我们给出用于刻画这个对象的逻辑理论方面的定义，并给予这些定义以合理性辩护。作者期待学生，通过学习本书能够掌握逻辑的形式化方法，并能初步应用这种形式化方法构建自己的逻辑系统，用于刻画特定的应用问题。

　　本书的原始材料曾作为课件、后作为讲义在中山大学逻辑学本科生的哲学逻辑课堂使用多年。在使用过程中历届学生对本书的内容提出了宝贵的修改意见和错误更正。历届学生的课堂反馈也对本书帮助很大。在此对他们表示衷心的感谢，很荣幸曾拥有在中山大学哲学逻辑课堂上与他们分享的时光。

　　感谢中山大学逻辑学科的诸位同事，逻辑学界的诸位师长、朋友，作者多年来从他们那里得到了多方面的支持和帮助。需要感谢的人太多，无法一一具名，在此一并致以衷心的感谢。

刘　虎

2022 年 3 月

# 目 录

# 第 1 章  引　言

哲学逻辑，顾名思义，是一门既与哲学有关又与逻辑学有关的学科。它的英文名是 philosophical logic。直接翻译过来，就是"哲学的逻辑"。简单地说，哲学逻辑是这样一门学科，它以现代的、数学化的符号逻辑为工具来探讨哲学问题。实际上，现代哲学逻辑探讨的问题，已经远远超出了哲学的范围。哲学逻辑提供的技术，已经广泛应用于计算机科学、人工智能、语言学、经济学、法学等领域。

## 1.1　逻辑是什么

什么是"逻辑"？这个问题本身不是一个逻辑学的问题。但是，这个问题常会给初学者带来实际的困扰。当学习哲学逻辑时，这个问题带来的困扰变得更加突出。因为很快你就发现，哲学逻辑并不是单个逻辑，而是由很多个相互之间差别很大的逻辑共同组成。那么，为什么这些逻辑都可以被称为"逻辑"呢？

"逻辑"到底是什么？这个问题并没有一个统一的、公认的答案。回答这个问题也不是本书关注的内容。但是，为了方便初学者理解和讨论本书的内容，我们在这里给出一个适用于本书内容的、"逻辑"的工作定义。

要回答"逻辑"是什么，最好的方式是考察已知的、公认的逻辑。

命题逻辑往往是数理逻辑课程中第一个被介绍的逻辑。命题逻辑是大多数已有逻辑的基础。我们可以有把握地说，命题逻辑是一种逻辑。

命题逻辑由它的句法定义和语义定义组成。它的句法提供了命题逻辑的语言，这个语言由它所有的合式公式组成。命题逻辑的语言与我们的自然语言不同，它是人工定义的、严格的形式语言。这种人工语言严格遵循它的公式形成规则，只有按照形成规则形成的合式公式才是语言中的合法表达。在"逻辑"的定义中，首先要说明，一个逻辑总是提供一种人工严格定义的形式语言。

但是，并不是任何人工严格定义的形式语言都可以称为一个逻辑语言。我们随意定义一个语言如下：

（1）　○ 是一个公式；× 是一个公式。

（2）　如果 $\varphi$ 和 $\psi$ 是公式，则 $\varphi\varphi\psi$ 也是公式。

（3）　所有公式只由以上两条规则生成。

这个语言是一个人工严格定义的形式语言。按照它的公式形成规则，显然，○○×是公式；××○××○○○× 是公式；但 ××○○○× 不是公式。但是，我们很难把这个语言作为一个有意义的逻辑语言。我们很难想象这个语言能够表达任何有意义的句子或性质。

　　人工严格定义的形式语言和我们的自然语言一样，都是用来"说事情"的。我们不应该天马行空地定义形式语言。通常来讲，我们定义的形式语言总是来源于自然语言，在自然语言中有它对应的对象。

　　因此，我们需要扩充关于"逻辑"的定义如下：一个逻辑是一种人工严格定义的形式语言，这种语言用于表达给定讨论域（模型）的性质。

　　例如，我们可以使用命题逻辑语言表达"如果由 $A$ 可得到 $B$，那么由 $B$ 的否定可得到 $A$ 的否定"；我们可以使用一阶谓词逻辑语言表达"模型中所有个体都有 $P$ 性质""模型恰好只有两个个体"等关于模型的性质。用来建立形式语言和其模型之间的关系的，就是一个逻辑的语义定义。

　　按照逻辑的这个定义，显然，前面随意定义的那个 ○× 语言不是一个逻辑语言，因为我们不能有意义地使用它讨论某个领域的性质。

　　在哲学逻辑中，逻辑语言的表达力是一个重要的问题。以一阶谓词逻辑为例，我们可以使用一阶谓词逻辑公式表达"模型中恰好有 $n$ 个个体"（$n$ 是任意非零自然数），但是，不存在一阶谓词逻辑的公式表达"模型中的个体是有穷多个"（使用紧致性定理可以证明这个一阶谓词逻辑的性质）。当然，我们可以使用自然语言表达"模型中的个体是有穷多个"这句话。但是，这个性质超出了一阶谓词逻辑语言的表达力。我们最后修订"逻辑"的工作定义如下：

- 一个逻辑是一种具有一定表达力的、人工严格定义的形式语言，这种语言用于表达给定讨论域（模型）的性质。

# 1.2 逻辑学史概述

逻辑学起源于古希腊哲学家亚里士多德（Aristotle，公元前 384 ～ 前 322 年）。亚里士多德的三段论理论、四谓词理论等是古希腊逻辑学的代表成就，也代表着逻辑学的开端。这些理论至今仍有相当的影响。我们现在把亚里士多德开创的逻辑学及其后世的发展称之为传统逻辑或非形式逻辑，以区别于现代数学化、符号化的形式逻辑。

图 1.1　亚里士多德

亚里士多德认为，逻辑先于数学。亚里士多德的逻辑学论述主要收录在他的《工具论》，他认为，只有以逻辑为工具才能确立数学真理。作为一种"公元前"理论，他的三段论达到了令人叹服的准确性和深度，以近乎统治性的地位占据逻辑学研究两千多年，直到 19 世纪的布尔等人以全新的数学工具开展逻辑学研究，三段论理论中的某些不足之处才得以被鉴别出来。康德曾表示："逻辑学自亚里士多德之后连一步都未能前行，因而从各方面看来都已终结。"

图 1.2　莱布尼茨

现代的形式逻辑最早可追溯到德国哲学家、数学家莱布尼茨（Gottfried Wilhelm Leibniz，1646~1716 年）的思想。首先，莱布尼茨是传统逻辑的继承者，并且在多方面推进了传统逻辑的发展。莱布尼茨的主谓词学说、关于直言三段论等的论述、对同一律原则的阐述、对或然性逻辑和概率推理的论述等贡献改革和发展了自亚里士多德以来的传统逻辑。

更重要地，莱布尼茨是现代符号逻辑的引路人和倡导者。莱布尼茨有感于充斥于哲学领域的争论，于 17 世纪提出建立一种数学化的逻辑学的思想。莱布尼茨观察到，在哲学的所有领域、讨论的所有问题上，都存在着不同程度的争论，而且尽管哲学家们的观点经常相互不一致，但他们对各自的观点都有着看起来十分合理的辩护。

莱布尼茨不仅是一位大哲学家，同时也是一位大数学家。他和牛顿分别单独创立了微积分这一现代数学的基石。莱布尼茨看到，有一个领域内没有争议，这就是数学。一个数学证明，要么是对的，要么是错的。如果存在争议，那么争议的一方必定在某处存在误解。莱布尼茨由此建议，使用一种"通用的科学语言"，把哲学争论的过程用这种通用的科学语言写下来，然后大家坐下来按照数学的方式"算一算"，算出孰对孰错，从而解决哲学争论。也就是说，要把哲学论证过程像数学一样计算。莱布尼茨经常使用"普遍字符"这个术语。他认为，构建普遍字符，就是"找到一些字符或符号适合于表达我们的全部思想"，使得这些字符"构成一种既能够写作也能够言说的新语言"。

　　莱布尼茨给出了"通用的科学语言""普遍字符"等想法。莱布尼茨本人构建的逻辑演算仍具有相当的局限性。直到将近 200 年后，数理逻辑的创立使得莱布尼茨的想法初步成为可能。承担"通用的科学语言"任务的，就是现代的数理逻辑和哲学逻辑。

图 1.3　弗雷格

　　数理逻辑的主要创建者是 19 世纪末 20 世纪初德国数学家、哲学家弗雷格（Friedrich Ludwig Frege，1848~1925 年）。弗雷格的工作奠定了分析哲学的基础，创立了现代符号逻辑。弗雷格创立数理逻辑的初衷，并不是为了实现莱布尼茨的理想，而是为了给数学寻找可靠的逻辑基础（我们将在介绍直觉主义逻辑时详细介绍数学基础问题）。弗雷格定义了命题逻辑和谓词逻辑，它们是整个现代形式逻辑的基础。

　　弗雷格的工作在其生前并未得到普遍承认，他本人也近乎默默无闻。但随后他的学说和思想成为 20 世纪学界热烈讨论的核心话题之一。他的思想对罗素和维特根斯坦的哲学影响很深。哲学家在研究罗素和维特根斯坦时，认识到弗雷格思想的重要性。

　　现代逻辑学历史上的另一个中心人物是 20 世纪德国数学家哥德尔（Kurt Friedrich Gödel，1906~1978 年）。哥德尔在其硕士研究生期间证明了命题演算可靠性和完全性，然后在其博士论文中给出了一阶谓词演算的可靠性和完全性。哥德尔博士毕业几年后又证明了哥德尔不完全性定理、连续统一致性定理等一系列重要的、开创性的数理逻辑定理，使得他成为数理逻辑的理论奠基者。哥德尔在逻辑学的主要成就都是在其读书期间或刚毕业几年间取得的。他后期的兴趣转向了数学哲学。哥德尔一生著述极少，但他发表的每篇文章基本都是里程碑式的成果。

20 世纪初创立数理逻辑，是从传统逻辑到现代逻辑过渡的里程碑式节点。从此以后，逻辑学日益从以非形式逻辑为特点的传统逻辑，转向了以形式逻辑为特点的现代逻辑。另外，并非所有问题都适合使用严格的形式语言描述，我们有时仍需要求助于非形式逻辑。因此，非形式逻辑在当代仍然是一个活跃的学术研究领域，有着相当的生命力。

图 1.4　哥德尔

数理逻辑是一种把推理过程拿来计算和证明的学问。数理逻辑并不提供一个"通用的科学语言"。事实上，数理逻辑提供的是一个表达力相当有限的语言。它能够刻画的推理过程，仅仅是数学的推理过程。人的理性、知识、智能是一个层次多样、边界模糊、组成部分复杂的集合体。数学只是其中重要的组成部分之一。要使用严格的形式语言刻画这个复杂的集合体，我们需要在数理逻辑的基础上创建表达力更丰富、形式更多样的逻辑系统。这些逻辑系统都是当代逻辑学家向着创建"通用的科学语言"所做的努力，它们共同构成了现代的哲学逻辑。

## 1.3　从数理逻辑到哲学逻辑

哲学逻辑建基于数理逻辑，并超越数理逻辑成为一门单独的学问。数理逻辑的英文是 mathematical logic，直接的译义是"数学的逻辑"。数理逻辑探讨的是数学推理和数学证明中使用的逻辑。哲学逻辑则是"哲学的逻辑"（philosophical logic）。有些翻译者也把哲学逻辑译为哲理逻辑。

数学证明中不会实质性地出现"可能""必然"这样的字词。我们不能使用这样的证明："因为 $x$ 可能（必然）等于 1，所以 $y > 2$。"数学证明中需要的是明确的表述，例如：因为 $x$ 等于 1，所以 $y > 2$。

数学证明中不会实质性地出现"相信""知道"这样的字词。我们不能使用这样的证明："因为我相信 $x$ 等于 1，所以 $y > 2$。"证明者相信什么与一个数学证明无关。类似地，"因为我知道 $x$ 等于 1，所以 $y > 2$"也不是一个合法的数学证明。

数学证明中不会实质性地出现"应当""允许"这样的字词。我们不能使用这样的证明："因为 $x$ 应当等于 1，所以 $y > 2$。""应当如何"与事实上"是如何"是两个不同的概念。数学证明中只能使用关于事实的表达。类似地，"因为 $x$ 被允许等于 1，所以 $y > 2$"也不能出现在数学证明中。

数学证明中不会实质性地出现"将来""过去"等时态词。我们不能使用这样的证明："因为 $x$ 将来等于 1，所以 $y > 2$。"数学证明中只能使用关于事实的陈述。我们可以使用" $x$ 等于 1"这个事实。但这个事实是何时发生的与证明无关。

数学证明中不会实质性地出现表达不确定性的概念。我们不能使用这样的证明："因为 $x$ 是否等于 1 是不确定的，所以 $y > 2$。"

请注意，在论述中我们使用了定语"实质性地出现"，这意味着它们是数学证明中不可替代的部分。

这些字词在数学证明中出现的唯一例外，是它们本身是当前证明讨论的对象。例如，如果当前讨论的是时间的性质（时态逻辑），那么时态词当然出现在证明中。

类似"可能""必然""知道""相信""应当""允许""将来""过去""不确定"等概念不在数学推理中使用。作为表达数学推理的数理逻辑，它当然也不能表达和处理这些概念。

但是，这些概念广泛地使用于哲学讨论中，在我们日常生活中也被普遍使用。它们属于构成人的理性和智能的基础性概念。一个"通用的科学语言"必须能够允许我们使用它来表达包含这些概念的句子。如此，它才可能将哲学推理和日常推理变成计算和证明问题。构建能够表达和处理这些概念的逻辑，是哲学逻辑的任务。

## 1.4　哲学逻辑的分类

人的心灵大概是最复杂的存在物。哲学逻辑尝试为心灵中标识为"理性"的那一部分建立模型并使用逻辑语言刻画它的性质。人使用语言的方式、人的知识表达的方式、人的推理模式，简言之，人的智能，它是一个复杂的，包含有各种或清晰或含混的概念的体系。我们对智能为何物并没有一个统一的认识。

哲学逻辑要将所有这些概念和推理过程放入形式化、符号化的逻辑中表达,要为"智能"建立逻辑体系,意味着哲学逻辑并不是一个(种)逻辑。哲学逻辑由很多个(种)逻辑组成。这些逻辑分别刻画智能的不同方面。通常情况是,为同一个对象建立起多个不同的逻辑系统,这些逻辑则分别基于对该对象的不同的理解。因此,整个哲学逻辑领域相当庞杂,它的边界也并不清晰。

虽然如此,仍然有一些基本概念和推理模式,它们在人的智能体系中居于核心地位。它们通常也是哲学讨论的焦点问题。逻辑学家分别为它们建立了逻辑系统。这些逻辑也被认为是最重要的哲学逻辑。本书的主要内容就是介绍这些最重要的哲学逻辑的基本观念和主要内容。

这些逻辑,不管相互之间差异多大,它们有着一个共同的基础,即数理逻辑。哲学逻辑从数理逻辑那里继承了基本的理论框架和技术方法。依据和数理逻辑的关系,我们可以把各种哲学逻辑分为两大类:数理逻辑的扩展和数理逻辑的修正。

数理逻辑的扩展,是在保持数理逻辑已有理论框架的基础上,通过扩充逻辑的语言,增加语言的表达力,得到能够刻画诸如"可能"和"必然"(模态逻辑,modal logic)、"知道"和"相信"(认知逻辑,epistemic logic)、"应当"和"允许"(道义逻辑,deotic logic)、"将来"和"过去"(时态逻辑,temporal logic)等概念的逻辑体系。

数理逻辑的修正,是通过修改数理逻辑的推理模式,得到对哲学推理和日常推理来说更合适的逻辑体系。如"公式的真值可能不止两种"(多值逻辑,many-valued logic)、"增加前提也许反而推不出原有的结论"(非单调逻辑)、"构造性证明才是合法的数学证明"(直觉主义逻辑,intuitionistic logic)、"条件句的前件和后件必须相关"(相干逻辑,relevance logic)等。我们经常把数理逻辑称为经典逻辑,而把这些数理逻辑的修正逻辑称为非经典逻辑。

# 1.5 关于本书

本书是一本哲学逻辑的初级教科书,适合作为相关专业的大学本科教材,或者作为研究生阶段的学习参考书。本书的主要目的,是帮助读者了解哲学逻辑的基本观念和基本技术。本书是自洽的，阅读本书不需要任何先导课程。我们把所有需要的预备知识全部放在第 2 章。虽然如此，先修过"数理逻辑"课程的读者将会更好地理解本书的内容。当然，阅读本书需要良好的思考能力和一定的数学素养。

作为一本初等课程的教科书，本书的定位是"概念性的"而不是"技术性的"。本书关注于哲学逻辑的思考方法、基本概念和定义手段。除个别地方（第 3 章）外，本书不包含任何证明技术。本书中将包含大量的定义，但只引入少量的定理。在多数情况下，我们也不提供这些定理的证明。

本书的着重点在一个核心问题上：如何使用逻辑学的方法具体地形式化一个问题、一个概念或者一个理论，从而构造出相应的逻辑系统。使用本书的教师和学生应以此为教学或学习目标。学习完本书之后，学生应能以合乎逻辑学规范的方式，将自己的某个观念形式化为具体的逻辑系统。

为了达到这个教学和学习目标，本书将分别介绍模态逻辑、认知逻辑、时态逻辑、道义逻辑、条件句逻辑、直觉主义逻辑、多值逻辑等。它们都是哲学逻辑的重要分支。学习这些具体的逻辑，不仅要掌握它们的基本概念和定义，更重要地，要把握构造这些逻辑的方法。读者在阅读和学习时应该始终问自己这样的问题：为什么这些逻辑能够被放入教科书供我们学习和研究？我是否也能依照这种方法，为我的某个想法构造出有意义的逻辑？

本书共有 12 章。第 1 章是本书的引言，包括对逻辑、逻辑史、符号逻辑、哲学逻辑的一般性的介绍。

第 2 章是预备知识。第 2 章的目的是使未受过逻辑学训练的读者也能学习本书。第 2 章包括了学习本书必需的所有前导知识。这些前导知识分为两部分，分别属于数理逻辑和素朴集合论这两门课程的内容。

第 3 章是本书后续章节的基础。第 3 章介绍模态逻辑。后续章节中的逻辑，或多或少地都与模态逻辑相关。有些本身就是模态逻辑，有些则是模态逻辑的修正或变种。这一章是本书最具技术性的部分，包括少量的证明。

从第 4 章开始之后的每个章节内容都是相互独立的。每章介绍一种哲学逻辑。章节的次序安排基本与其他哲学逻辑教科书一致。作者建议按照章节的顺序阅读和学习，但实际上读者也可以自行选择跳跃阅读，并不会真正影响理解本书的内容。

按照前面对哲学逻辑的分类，第 4～7 章的哲学逻辑是对经典逻辑的扩展；第 8～11 章的哲学逻辑是对经典逻辑的修正。最后的第 12 章是一种特殊的哲学逻辑理论。

一门 36 学时的课程可以覆盖本书的全部内容。

# 第 2 章　预 备 知 识

## 2.1　集　　合

我们把一堆东西放在一起，看成一个整体，并称之为一个集合。形成集合的能力，即把一堆东西当作一个整体来看待的能力，是人的基本认知能力。按照一种有广泛影响的观点，这种形成集合的能力是整个数学的基础。也就是说，人之所以能使用"数学"这种东西思考问题，其根源在于我们能够在心灵中构想集合。

我们通常使用两种方式表达一个集合。第一种方式称为外延的方式。它列举集合中的所有元素，如 $\{x, y, z\}$ 是一个集合，这个集合中有三个元素 $x$，$y$ 和 $z$。第二种方式称为内涵的方式。它依据一个性质，收集所有满足该性质的对象，如 $\{x \mid x \in \mathbb{N}, x > 10\}$ 是一个集合，这个集合由所有大于 10 的自然数组成。

"$\in$" 是集合的基本算符。表达式 $x \in y$ 读作 "$x$ 属于 $y$"，表示 $x$ 是集合 $y$ 中的一个元素。如上例中，我们有 $z \in \{x, y, z\}$，$20 \in \{x \mid x \in \mathbb{N}, x > 10\}$ 等。其他集合的算符，都可以由 "$\in$" 定义出来，例如：

- $x \subseteq y$（读作 "$x$ 包含于 $y$"）：

  对任意 $z$，如果 $z \in x$ 那么 $z \in y$。

- $x = y$（读作 "$x$ 等于 $y$"）：

  $x \subseteq y$ 并且 $y \subseteq x$。

- $x \subset y$（读作 "$x$ 真包含于 $y$"）：

  $x \subseteq y$ 并且 $x \neq y$。

我们可以从给定集合出发构造新的集合：

- $x \cup y$（读作 "$x$ 并 $y$"）：

  对任意 $z$，$z \in (x \cup y)$，当且仅当，要么 $z \in x$ 要么 $z \in y$。

- $x \cap y$（读作 "$x$ 交 $y$"）：

对任意 $z$，$z \in (x \cap y)$，当且仅当，$z \in x$ 并且 $z \in y$。

- $\mathcal{P}(x)$（读作 "$x$ 的幂集"）：

  对任意 $z$，$z \in \mathcal{P}(x)$，当且仅当，$z \subseteq x$。

一个集合中的各个元素是不区分次序的。$\{x, y\}$ 和 $\{y, x\}$ 这两个集合看起来写法不同，但它们实际上是同一个集合，即有 $\{x, y\} = \{y, x\}$。这个集合是什么与 $x$ 和 $y$ 的次序无关。在很多情况下，我们需要为一个集合加上 "次序" 这个额外的信息。这时我们需要引入 "有序对" 的概念。

一个有序对记为 $(x, y)$。这个有序对里有两个元素 $x$ 和 $y$。其中，$x$ 是第一个元素，$y$ 是第二个元素。有序对中，元素的排列次序是相关的。$(x, y)$ 和 $(y, x)$ 是两个不同的有序对，即 $(x, y) \neq (y, x)$。

有序对并不是一个和集合对立的概念。实际上，有序对是一种特殊的集合。我们可以使用集合来定义有序对。如令

- $(x, y) =_{df} \{\{x\}, \{x, y\}\}$[①]。

如此，有序对 $(x, y)$ 实际上是一个特殊的集合，由两个元素 $\{x\}$ 和 $\{x, y\}$ 组成。$x$ 和 $y$ 在这个集合中的地位显然不同。如果我们把 $x$ 和 $y$ 互换，将得到另一个集合：$\{\{x\}, \{x, y\}\} \neq \{\{y\}, \{y, x\}\}$，也即 $(x, y) \neq (y, x)$。我们可以使用不同的方式从集合中定义出有序对 $(x, y)$，只要它使得 $x$ 和 $y$ 不能互换位置即可。

我们经常把一个有序对称为一个二元组。有序对的概念可以自然地推广到三元组、四元组、五元组等。如我们可以把三元组 $(x, y, z)$ 定义为

- $(x, y, z) =_{df} (x, (y, z))$。

对于理解本书的内容来说，有序对的概念已经足够了。

两个集合 $x$ 和 $y$ 的笛卡儿积（又称卡氏积）是集合 $\{(u, v) \mid u \in x, v \in y\}$，记为 $x \times y$。笛卡儿积 $x \times y$ 是一个有序对的集合。它由所有这样的有序对组成，其中第一个元素来源于 $x$，第二个元素来源于 $y$。

任意 $x \times y$ 的子集称为集合 $x$ 和 $y$ 之间的一个二元关系。二元关系通常记为 $R$。$R \subseteq x \times y$ 是由 $x \times y$ 中的某些有序对组成。当有 $(z, z') \in R$ 时，我们称 $z$ 和 $z'$ 具有 $R$ 关系，或者使用 $R$ 关系可以从 $z$ 通达到 $z'$。

---

① $df$ 表示定义，即把等号左边的概念定义为右边的表达。

有时，从直观的角度出发，我们也把 $(z, z') \in R$ 记为 $zRz'$，或者 $Rzz'$。当有 $R \subseteq x \times x$ 时，我们称 $R$ 是集合 $x$ 上的一个二元关系。

我们称 $x$ 和 $y$ 间的一个二元关系 $R$ 是一个函数，如果 $R$ 满足如下条件：对任意 $u \in x$，存在唯一的 $v \in y$ 使得 $(u, v) \in R$。此时，我们称 $x$ 是这个函数的定义域，$y$ 是这个函数的值域。通常，我们使用小写字母标记一个函数，如 $f, g$。

请注意，上述所有概念都是从一个初始的基本算符 $\in$ 定义而得到的。事实上，它们都是各种特殊的集合。类似"函数"这样的概念在数学中已有一个定义。在集合论中，我们可以把这些数学概念重新定义，还原为集合的概念。其他更复杂的数学概念，如单射、复合映射、同态、拓扑等，都可以在集合论中得到相应的定义。原则上，任何数学概念都可以还原为集合的概念。

我们可以把自然数定义为：$0 =_{df} \varnothing$；$1 =_{df} \{0\}$；$2 =_{df} \{0, 1\}$；等等。自然数的后继关系定义为：$x^+ =_{df} x \cup \{x\}$。则自然数上的加减乘除幂等算符，有理数、实数及其上的运算符都可以定义为相应的集合。

一个集合上的二元关系是本书中经常使用的概念。下面我们介绍一些常用的二元关系。

令 $R$ 是集合 $W$ 上的二元关系，则

- 如果对任意 $x \in W$，有 $Rxx$ 成立，那么我们称 $R$ 是自反的。
- 如果对任意 $x, y, z \in W$，若 $Rxy$ 和 $Ryz$ 成立则 $Rxz$ 成立，那么我们称 $R$ 是传递的。
- 如果对任意 $x, y \in W$，若 $Rxy$ 成立则 $Ryx$ 成立，那么我们称 $R$ 是对称的。
- 如果 $R$ 是自反的、传递的和对称的，那么我们称 $R$ 是等价的。
- 如果对任意 $x \in W$，有 $Rxx$ 不成立，那么我们称 $R$ 是反自反的。
- 如果对任意 $x, y \in W$，若 $Rxy$ 和 $Ryx$ 成立则 $x = y$，那么我们称 $R$ 是反对称的。
- 如果 $R$ 是自反的、传递的和反对称的，那么我们称 $R$ 是偏序的。
- 如果 $R$ 是反自反的和传递的，那么我们称 $R$ 是严格偏序的。
- 如果对任意 $x, y \in W$，$Rxy$、$Ryz$ 和 $x = y$ 三者至少其中之一成立，那么我们称 $R$ 是三分的。

- 如果 $R$ 是严格偏序的和三分的, 那么我们称 $R$ 是线性的。
- 如果对任意 $x \in W$, 存在 $y \in W$ 使得 $Rxy$ 成立, 那么我们称 $R$ 是序列的。

在头脑中建立起对这些二元关系的直观印象, 对于理解这些概念是至关重要的。

这些二元关系相互之间有一定的联系。例如, 如果非空集合上的二元关系 $R$ 是反自反的和传递的, 则它一定是反对称的。读者可以自行测试和证明类似的定理。

令 $R$ 是集合 $W$ 上的二元关系, 则 $R$ 的<u>自反闭包</u> $R^c$ 是包含 $R$ 的 $W$ 上最小的自反的二元关系。

自反闭包可等价地定义为: $R^c = R \cup \{(a,a) \mid a \in W\}$。

令 $R$ 是集合 $W$ 上的二元关系, 则 $R$ 的<u>传递闭包</u> $R^t$ 是包含 $R$ 的 $W$ 上最小的传递的二元关系。

传递闭包可等价地定义为: $R^t = \bigcap \{R' | R'$ 是 $W$ 上传递的二元关系, 并且 $R \subseteq R'\}$。也可等价地定义为: $R^t uv$, 当且仅当, 从 $u$ 出发经过有穷步 $R$ 关系可达 $v$。

有穷集合的性质可以使用一般数学工具讨论。无穷集合的性质则是集合论这门学科讨论的问题。

直观上, 对任意性质 $P$, 我们都可以构成一个集合 $\{x \mid Px\}$。这个集合收集了所有具有 $P$ 性质的个体。著名罗素悖论颠覆了我们的这种基本直觉。"不属于自己"是一个这样的一元性质。如果 $x \notin x$ 则 $x$ 有这个性质。现在令 $X = \{x \mid x \notin x\}$, 则 $X$ 收集了所有具有 "不属于自己" 这个性质的集合。假设 $X \in X$ 成立, 则我们立刻得到了 $X \notin X$。同理, 我们从 $X \notin X$ 可得到 $X \in X$。因此, 我们最初的假设一定是错误的, 即 $X = \{x \mid x \notin x\}$ 不是一个集合。

罗素悖论说明了, 人把一堆东西看成一个整体, 这种形成集合的能力是有界限的。有时, 一堆太过庞大的东西超出了界限, 从而不能被看成一个整体。下面这些表述都是错误的: 所有集合的集合, 所有模型的集合, 等等。但是, 在实践中, 我们有时需要整体性地表达如 "所有的模型"。这种表达会大大减少字面上的烦琐。在这种情况下, 我们使用 "类" 这个概念。下面的表述是合法的: 所有集合的类, 所有模型的类, 等等。"类" 这个概念只是一个方便表达的工具。

# 2.2　命题逻辑

我们在这一节介绍需要用到的命题逻辑的基本知识。

一个命题就是一个完整的句子。一个原子命题是一个不能拆分的完整的句子,如"桌子上有杯水""猴子是动物"等。缺少任何组成这些句子的字词,它们就不再是能够表达意义的完整的句子。

原子命题通常以小写字母表示,可记为 $p, q$ 等。有时我们也把原子命题 $p, q$ 等称为命题变元。命题逻辑建立在一个给定的原子命题的集合上,记为 $P = \{p, q, r, \cdots\}$。

原子命题可以通过命题连接词组成复合命题。常用的命题连接词有:

- 否定,记为 ¬: $\neg p$ 的含义是"非 $p$"。
- 析取,记为 ∨: $p \vee q$ 的含义是"$p$ 或者 $q$"。
- 合取,记为 ∧: $p \wedge q$ 的含义是"$p$ 并且 $q$"。
- 蕴涵,记为 →: $p \rightarrow q$ 的含义是"如果 $p$,那么 $q$"。

¬ 是一元连接词,另外三个连接词则是二元连接词。

在命题逻辑中,一个合法的表达称为一个(合式)公式。公式由以下形成规则构造而来:

(1)　如果 $p$ 是一个原子命题,则 $p$ 是一个公式。

(2)　如果 $\varphi$ 和 $\psi$ 是公式,则 $(\neg\varphi)$、$(\varphi \vee \psi)$、$(\varphi \wedge \psi)$、$(\varphi \rightarrow \psi)$ 也是公式。

(3)　所有公式只由以上两条规则生成。

我们经常使用如下简要的方式代表上面的公式形成规则:

$$\varphi ::= p \mid \neg\varphi \mid \varphi \vee \psi \mid \varphi \wedge \psi \mid \varphi \rightarrow \psi$$

上面的定义构成了命题逻辑的句法。一个逻辑的句法决定了哪些表达在这个逻辑中是合法的,哪些表达是不合法的。逻辑的句法定义给出的,就是一个逻辑中的公式。

括号符号对命题逻辑并不是必需的。但是使用括号可以使我们更方便地把握公式的结构。本书将灵活使用括号，在无歧义时通常省略括号。

原则上，句法定义给出的公式，仅仅是纯粹形式的、没有含义的字符串。直观上，这些命题、连接词具有一定的含义。这些含义由逻辑的语义定义赋予。以下给出命题逻辑的语义定义。

0 和 1 是两个真值。其中 0 读作"假"，1 读作"真"。

一个真值指派是一个函数 $V : P \to \{0, 1\}$，即一个真值指派赋予每个原子命题一个"真"或者"假"的真值。如果 $V(p) = 1$，则称 $p$ 为真；反之则称 $p$ 为假。

真值指派给定原子命题的真假。我们可以由此出发，计算出任意复合公式的真假。给定真值指派 $V$ 和公式 $\varphi$，$V \models \varphi$ 读作"在真值指派 $V$ 下公式 $\varphi$ 为真"。任意公式的真值由如下的语义定义确定：

- $V \models p$，当且仅当，$V(p) = 1$，其中 $p$ 是一个原子命题。
- $V \models \neg\varphi$，当且仅当，$V \not\models \varphi$。
- $V \models \varphi \vee \psi$，当且仅当，$V \models \varphi$ 或者 $V \models \psi$。
- $V \models \varphi \wedge \psi$，当且仅当，$V \models \varphi$ 并且 $V \models \psi$。
- $V \models \varphi \to \psi$，当且仅当，如果 $V \models \varphi$，那么 $V \models \psi$。

我们经常使用更直观的真值表的形式表达上面的语义定义：

| $\varphi$ | $\neg\varphi$ |
|---|---|
| 0 | 1 |
| 1 | 0 |

| $\to$ | 0 | 1 |
|---|---|---|
| 0 | 1 | 1 |
| 1 | 0 | 1 |

| $\vee$ | 0 | 1 |
|---|---|---|
| 0 | 0 | 1 |
| 1 | 1 | 1 |

| ∧ | 0 | 1 |
|---|---|---|
| 0 | 0 | 0 |
| 1 | 0 | 1 |

容易验证，使用这两种方式表达的语义定义是等价的。

按照语义定义，容易验证，对任意真值指派 $V$，以下等式成立：

- $V(\varphi \vee \psi) = V(\neg\varphi \rightarrow \psi)$。
- $V(\varphi \wedge \psi) = V(\neg(\varphi \rightarrow \neg\psi))$。

因此，我们可以把 $\neg$ 和 $\rightarrow$ 作为初始连接词，而 $\vee$ 和 $\wedge$ 可由它们定义出来。我们也可以使用 $\neg$ 和 $\vee$（$\neg$ 和 $\wedge$）作为初始连接词，从它们出发把 $\rightarrow$ 和 $\wedge$（$\rightarrow$ 和 $\vee$）定义出来。我们把这个问题留给读者自行验证。

令 $\varphi$ 是一个公式，如果对任意真值指派 $V$，都有 $V \models \varphi$，则我们称 $\varphi$ 是一个<u>重言式</u>。直观上，重言式是在任何情况下都为真的公式。重言式代表的是有效的推理。类似重言式这样的句子是逻辑学考察的重点之一。

考察下面两个句子：

（1）  如果 $x$ 可以被 4 整除，那么 $x$ 可以被 2 整除。

（2）  如果 $x$ 可以被 4 整除，那么 $x$ 可以被 4 整除。

直观上，这两个句子都是对的。但是，两个句子有着本质的差别。句子（2）中的"$x$ 可以被 4 整除"可被替换为任何其他句子，替换后的句子仍然是成立的。如"如果海水是甜的，那么海水是甜的"。即使替换的句子是不可理解的胡言乱语，我们仍然可以判定，替换后的句子是成立的。如"如果阿斯卡星上的方块光线是液体，那么阿斯卡星上的方块光线是液体"。

对句子（1）来说，其中的"$x$ 可以被 4 整除"被另一个句子替换后，它可能不再成立。

令 $p$ 代表"$x$ 可以被 4 整除"；$q$ 代表"$x$ 可以被 2 整除"，则上面两个句子在命题逻辑中的形式化表达分别如下：

（$1'$）  $p \rightarrow q$

（$2'$）  $p \rightarrow p$

公式（2′）是一个重言式。不管我们为 $p$ 指派的值是"真"还是"假"，整个公式 $p \to p$ 的值总是为真。公式（1′）不是一个重言式。令一个真值指派使得 $p$ 为真，$q$ 为假，则在这个真值指派下，$p \to q$ 为假。

那么，为什么直观上句子（1）是成立的？句子（1）的成立，依赖于我们对 "可以被 4 整除""可以被 2 整除"这些话的内容的理解，依赖于一定的数学知识。

与之相反，句子（2）的成立，不依赖于任何对句子内容的理解，也不依赖于 其他背景知识。句子（2）仅凭它本身的形状（形式）就成立。即使我们完全不理 解 $p$ 代表的句子，我们仍然可以判定 $p \to p$ 是成立的。

逻辑学的一条基本原则，即"逻辑只管形式而不管内容"，指的就是这种仅凭 形式就为真的情况。我们经常称这种情况是"逻辑真"的。在命题逻辑中，这样 仅凭形式就为真的公式、逻辑真的公式就是重言式。

重言式的重要性，在于它代表了命题逻辑中所有有效推理的形式。有效的推 理是逻辑学研究的主要对象之一。在我们所举例子的两个句子中，句子（2）的推 理形式是有效的；句子（1）的推理形式不是有效的。句子（2）仅凭它的推理形 式就是成立的；句子（1）仅凭它的推理形式不是成立的。

一个逻辑的定义由其句法定义和语义定义组成。上面我们已经给出了命题逻 辑的完整的定义。

哪些公式是重言式？这个问题其实是问，哪些推理形式是有效的？显然，这 是逻辑学关心的一个核心问题。现在，我们已经知道，我们可以依照语义定义，测 试一个公式是否在任意真值指派下都为真，从而判定该公式是否是一个重言式。

我们有一种更好的方式来判断一个公式是否是重言式。令

- $Taut = \{\varphi \mid \varphi$ 是一个重言式$\}$。

$Taut$ 是所有重言式组成的集合。这个集合似乎不具备良好的归纳结构，以让我们 方便地考察它的性质。这个问题由逻辑的公理化方法解决。

命题逻辑的公理系统称为命题演算，它由以下公理（模式）和规则组成：

**公理 2.1**　　$\varphi \to (\psi \to \varphi)$

**公理 2.2**　　$(\varphi \to (\psi \to \chi)) \to ((\varphi \to \psi) \to (\varphi \to \chi))$

**公理 2.3**　　$(\neg\varphi \to \psi) \to ((\neg\varphi \to \neg\psi) \to \varphi)$

**分离规则：** 从 $\varphi \rightarrow \psi$ 和 $\varphi$ 中得到 $\psi$

从公理出发，通过反复使用分离规则可以得到的公式称为命题演算的<u>定理</u>。令

- $Thm = \{\varphi \mid \varphi$ 是一个定理$\}$。

显然，$Thm$ 这个集合有很好的归纳结构。这个集合中的公式，都是从公理出发（基础步），有穷多次地使用分离规则得到的。

重言式和定理这两者有着密切的关系。事实上，它们是完全一一对应的。就是说，每个重言式都是命题演算的定理，每个命题演算的定理都是一个重言式。换句话说，$Taut$ 和 $Thm$ 这两个集合实际上是同一个集合。重言式和定理的这种一一对应关系由命题逻辑最重要的两个元定理给出，即可靠性定理和完全性定理。

**定理 2.1**（可靠性定理）　*如果从 $\varphi \in Thm$ 可得到 $\varphi \in Taut$，则我们称命题演算是<u>可靠</u>的。*

重言式是合式公式中的"好"公式（它们代表着有效的推理模式）。可靠性定理说的是，能在命题演算中得到的公式都是"好"公式。

**定理 2.2**（完全性定理）　*如果从 $\varphi \in Taut$ 可得到 $\varphi \in Thm$，则我们称命题演算是<u>完全</u>的。*

完全性定理说的是，所有的"好"公式都能在命题演算中得到。

可靠性定理和完全性定理加起来，我们得到，$Thm = Taut$。就是说，命题演算恰好能给出所有的重言式，不多也不少。这个结论说明，所有的重言式恰好都能从命题演算的三条公理出发，通过反复使用分离规则得到。由此，起初看起来杂乱无章的集合 $Taut$，它实际上有着简单清楚的基础。

公理化方法也体现了科学所追求的简洁性、一般性原则。物理学家追求用一个公式解释整个世界（虽然他们还在探索的路上）。我们已经可以用一个简单的公理系统，从三条公理出发，推出命题逻辑中所有有效的推理形式。

# 第 3 章 模态逻辑

模态逻辑是一种简单但表达力强的形式语言，用于表达关系结构的性质。模态逻辑是最重要的一种哲学逻辑。本书后续将要介绍的哲学逻辑（除第 10 章外），要么本身就是一种特殊的模态逻辑，要么就是模态逻辑的变体。所以，本章的内容是继续学习后续章节的基础。

## 3.1 关系结构

模态逻辑是用于表达关系结构性质的逻辑。模态逻辑的重要性，部分来源于关系结构的重要性。关系结构是一种极为常见的抽象结构。

**定义 3.1** 一个<u>关系结构</u>是一个多元组 $\mathfrak{F} = (W, R_1, \cdots, R_n)$，其中，

- $W$ 是一个集合，

- $R_1, \cdots, R_n$ 是 $W$ 上的关系。

当把关系结构作为模态逻辑的模型时，我们通常把一个关系结构称为一个<u>框架</u>（frame）。

有时我们也需要考虑包含无穷多个关系的关系结构。本书只考虑有穷多个关系的关系结构。

一般情况下，一个关系结构中有多个关系 $R_1, \cdots, R_n$，它们可能是任意元的关系。本书中经常讨论的是最简单的一种关系结构。其形式为 $(W, R)$，即只有一个关系的关系结构，并且通常情况下，这个关系 $R$ 是一个二元关系。

关系结构随处可见。任何数学结构都可看作关系结构。

**例 3.1** 下面是一些关系结构的实例。

- $(\mathbb{N}, <)$，$(\mathbb{R}, \leqslant)$ 都是关系结构。前者是自然数集，它有一个 $<$ 关系；后者是实数集，它有一个 $\leqslant$ 关系。两个关系都是二元关系。

- $(\mathbb{N}, +, -, \times, s)$ 是关系结构。这个关系结构包含在自然数集上的四个关系。$+, -, \times$（运算符）这三个关系是三元关系，$s$（后继）是一个二元关系。

- 时间结构是一个如下的关系结构：$(T, <)$，其中 $T$ 是时间点的集合，$<$ 是时间点间的"先于"关系。

- 所有人构成一个关系结构。令 $P = \{x \mid x \text{是人}\}$。集合 $P$ 与 $P$ 上的一些关系构成一个关系结构。

  一元关系："是中国人""是白人""会开车"……

  二元关系："是父子""是三代内亲属""是仇人""年龄大于"……

  三元关系："是 …… 的父母"……

这个关系结构描述了世界上所有人及其之间的关系。这是一个包含所有人的数据库。关系数据库是计算机科学中的一种非常重要的基础应用。

任何（软件的或硬件的）计算系统可以看成一个关系结构。<u>加标状态转换系统</u>是最流行的计算系统的抽象模型。加标状态转换系统是一种关系结构模型。

**例 3.2**  假设一个计算系统由两个变元控制。其中，$p$ 代表"内存可访问"，$q$ 代表"网络可访问"。则系统的可能状态一共有四种。即 $pq$（代表系统处于内存和网络都可访问的状态），$p\neg q$，$\neg pq$ 和 $\neg p\neg q$。其加标状态转换系统为 $(W, R_a, R_b)$，其中，

- $W = \{pq, p\neg q, \neg pq, \neg p\neg q\}$，
- $R_a = \{(pq, p\neg q), (p\neg q, pq), (\neg pq, \neg p\neg q), (\neg p\neg q, \neg pq)\}$，
- $R_b = \{(pq, pq), (p\neg q, \neg pq), (\neg pq, \neg p\neg q), (\neg p\neg q, pq)\}$。

这是一个关系结构，上面有两个二元关系。在这个模型中，每个程序被表达为一个二元关系。$R_a ss'$ 意味着当系统处于状态 $s$ 时执行程序 $a$，则系统的下一个状态将是 $s'$。实际的计算系统模型当然远为复杂，但把它们抽象为加标状态转换系统后都是类似的关系结构。

## 3.2  模态逻辑的句法

从句法来看，模态逻辑是一个"简单的"的逻辑。模态逻辑使用与命题逻辑

相同的符号，加上一个方块符号"□"。即模态逻辑的符号表由以下符号构成：$p_0, p_1, \cdots$，$\neg$，$\vee$，$(,\ )$，$\square$。

模态逻辑的公式由以下方式生成：

$$\varphi ::= p \mid \neg\varphi \mid \varphi \vee \psi \mid \square\varphi$$

或者，等价地，由以下规则生成：

（1） 如果 $p$ 是一个原子命题，则 $p$ 是一个公式。

（2） 如果 $\varphi$ 和 $\psi$ 是公式，则 $(\neg\varphi)$、$(\varphi \vee \psi)$、$(\square\varphi)$ 也是公式。

（3） 所有公式只由以上两条规则生成。

其他命题连接词的定义方式与命题逻辑相同，即

- $(\varphi \to \psi) =_{df} (\neg\varphi \vee \psi)$

- $(\varphi \wedge \psi) =_{df} (\neg(\varphi \to \neg\psi))$

在不引起混淆的情况下，有时我们会省略公式中的括号符号。

我们引入一个菱形符号"◇"，定义如下：

$$\diamond\varphi =_{df} \neg\square\neg\varphi$$

习惯上，我们称 $\square$ 和 $\diamond$ 为模态词或模态算子。"模态"这个定语来源于我们有时把 $\square$ 读为"必然"，$\diamond$ 读为"可能"。例如，$\square\varphi$ 的意思是"$\varphi$ 是必然的"，也即"$\varphi$ 是真的，这件事情是必然的"。后面的"是必然的"是对"$\varphi$ 是真的"的一种模态修饰。

## 3.3　对模态逻辑公式的解读

模态逻辑中的命题逻辑符号，我们已经知道它们各自的含义。我们在这里只需解释新引入的两个模态词 $\square$ 和 $\diamond$。如前所述，多种哲学逻辑都是模态逻辑。在这些不同的哲学逻辑中，对模态词的理解也不相同。下面介绍几种重要的基于模态逻辑的哲学逻辑。

### 3.3.1  真势模态逻辑

真势模态逻辑（alethic modal logic）是关于"可能"和"必然"的逻辑。

在真势模态逻辑中，□ 读为"必然"。公式 □$\varphi$ 读作"$\varphi$ 是必然的"。◇ 不是初始符号，它是由否定词和方块符号定义出来的。◇$\varphi$，也就是 ¬□¬$\varphi$，它的意思是"非 $\varphi$ 不是必然的"，换句话说，即"$\varphi$ 是可能的"。

复合公式 □$\varphi \to$ ◇$\varphi$ 读作"如果 $\varphi$ 是必然的，那么 $\varphi$ 是可能的"。这句话在直观上很明显是成立的。类似地，我们很容易判断公式 $\varphi \to$ ◇$\varphi$ 也是成立的，因为它读作"如果 $\varphi$ 是真的，那么 $\varphi$ 是可能的"。

对更复杂的公式，尤其是当模态词有叠加时，这样的直观判断就变得更困难了。如 $\varphi \to$ □◇$\varphi$ 或者 ◇$\varphi \to$ □◇$\varphi$。后一个公式读作"如果 $\varphi$ 是可能的，那么 $\varphi$ 是必然可能的"。这句话成立吗？你能以合乎哲学规范的方式为这句话做辩护吗？至少，这不是一个可以直接得到的结论。

如果进一步叠加模态词，公式的直观含义将变得难以捉摸。勇敢的读者可以尝试把握这个公式的直观含义：□◇$\varphi \to$ ◇□◇□$\varphi$。

在我们给出真势模态逻辑的完整定义后，这些问题很容易解决。我们将为"必然"和"可能"建立逻辑模型，在逻辑模型上给出 □ 和 ◇ 的语义定义。判断一个公式在模型上的真假经常是简单的机械计算问题。

### 3.3.2  认知逻辑

认知逻辑是关于"知识"和"信念"的逻辑。

认知逻辑实际上是两个逻辑，即知识逻辑（logic of knowledge）和信念逻辑（belief logic）。知识和信念这两个概念有着密切的联系。我们可以从柏拉图断言的"知识就是（被证成的）真信念"中看到这种联系。把这两个概念分别形式化后得到知识逻辑和信念逻辑。这两个逻辑的结构非常相似。因此，习惯上把这两个逻辑统称为认知逻辑。

在知识逻辑中，□ 被读为"知道"。公式 □$\varphi$ 读作"知道 $\varphi$"。在知识逻辑中，为了阅读的方便，我们通常把 □ 另记为 $K$，称之为知识算子。

在信念逻辑中，□ 被读为"相信"。公式 □$\varphi$ 读作"相信 $\varphi$"。在信念逻辑中，为了阅读的方便，我们通常把 □ 另记为 $B$，称之为信念算子。$K$ 和 $B$ 两个算子也统称为认知算子。

显然，"知道 $\varphi$"或"相信 $\varphi$"不是一个完整的句子。它缺少一个主语。知识逻辑和信念逻辑预设一个"知道"和"相信"的主体。知识逻辑和信念逻辑是这个主体的知识逻辑和信念逻辑。公式 $K\varphi$ 的完整含义是"该主体知道 $\varphi$"。我们在表述中经常省略这个主体。

公式 $B\varphi \to \varphi$ 的意思是"如果相信 $\varphi$，那么 $\varphi$ 是真的"。这句话直观上很明显是错误的。公式 $K\varphi \to \varphi$ 意为"如果知道 $\varphi$，那么 $\varphi$ 是真的"。这句话直观上是正确的。请注意知道和相信的差别。知道 $\varphi$ 意味着 $\varphi$ 是一条知识。而知识是真的。这两个公式反过来，即 $\varphi \to B\varphi$ 和 $\varphi \to K\varphi$。它们直观上是正确的吗？

当认知算子有叠加时，我们就不容易做出这种直观的正误判断。如 $B\varphi \to BB\varphi$、$K\varphi \to KK\varphi$、$\neg B\varphi \to B\neg B\varphi$ 等公式。我们在第 4 章将给出认知逻辑的语义定义，之后再来讨论这个问题。

### 3.3.3 时态逻辑

时态逻辑是讨论"时间"性质的逻辑。

时态逻辑的句法中并不直接表达"时间"这个概念，而是使用时态词。在时态逻辑中，□ 被读为"将来总是"。公式 □$\varphi$ 读作"$\varphi$ 在将来总是为真"。为了阅读方便，我们通常把 □ 另记为 $G$，称之为将来总是时态算子。

$G$ 算子的对偶算子，我们通常记之为 $F$，定义为：$F\varphi =_{df} \neg G\neg\varphi$。直观上，$F\varphi$ 即 $\neg G\neg\varphi$，其意思是"非 $\varphi$ 在将来并不总是为真"。也就是说，非 $\varphi$ 在将来的某一时刻为假；也即"$\varphi$ 在将来（某一时刻）为真"。

与真势模态逻辑和认知逻辑不同，因为时态词有表达将来时态和表达过去时态两类，所以时态逻辑中还包含另一组表达过去的时态算子。$H$ 算子读为"过去总是"。公式 $H\varphi$ 读作"$\varphi$ 在过去总是为真"。$H$ 算子的对偶算子，我们通常记之为 $P$，定义为：$P\varphi =_{df} \neg H\neg\varphi$。类似地，$P\varphi$ 读作"$\varphi$ 在过去（某一时刻）为真"。

我们很容易判断，公式 $G\varphi \to F\varphi$ 表达了一个正确的句子：如果 $\varphi$ 在将来总是为真，那么 $\varphi$ 在将来为真。但要判断 $P\varphi \to GP\varphi$、$F\varphi \to FF\varphi$、$GF\varphi \to FG\varphi$ 这样的公式则不是一目了然的。同样地，我们需要在逻辑模型和语义定义下处理这个问题。

时态逻辑与前面几种逻辑不同，时态逻辑有一个很明显的模型。在多数人的头脑中，时间就是一条有方向的线。虽然我们还没有给出时间的逻辑模型的定义，但读者可以尝试自己在这条时间线上判断前面几个公式是否成立。

### 3.3.4  道义逻辑

道义逻辑是讨论道德概念的逻辑。它讨论诸如应当（ought）、义务（obligation）、允许（permission）、禁止（prohibition）这样的概念。这些概念的完整读法是道义上应当、道义上允许（不违反道德要求）、道义上禁止。我们在使用中经常省略掉"道义上"这样的定语。

在道义逻辑中，□ 被解读为"应当"。公式 □$\varphi$ 读作"$\varphi$ 是应当的（$\varphi$ 是道德要求的，$\varphi$ 是一个道德义务）"。在道义逻辑中，为了阅读方便，我们通常把 □ 另记为 $O$，称之为道义算子。

$O$ 算子的对偶算子，我们通常记之为 $P$，定义为：$P\varphi =_{df} \neg O \neg \varphi$。直观上，$P\varphi$ 即 $\neg O \neg \varphi$，其意思是"非 $\varphi$ 并不是应当的"。也就是说，道德并不禁止 $\varphi$；也即"$\varphi$ 是允许的"。

## 3.4  模态逻辑的模型和语义

真势模态逻辑是关于"可能"和"必然"的逻辑。我们在 3.3 节已经了解了真势模态逻辑的句法，现在我们给出它的模型和语义。

要给出一个合适的模型和语义定义，我们需要首先对"可能"和"必然"做一个概念分析，得到关于"可能"和"必然"概念的一个直观、自然的解释。然后，我们依据这个解释建立它们的模型和语义。这个解释应该是有合理性辩护的，甚至是自明的。只有这样，所建立的才是一个有着坚实的哲学基础的逻辑。

真势模态逻辑建基于莱布尼茨对"可能"和"必然"的解释。莱布尼茨认为，必然真的命题就是在所有可能世界里都为真的命题；可能真的命题就是在某个可能世界里为真的命题。

这个解释听起来有些像同义反复（当然事实上不是）："可能世界"这个概念本身就依赖于我们对"可能"和"必然"这两个词的理解；使用可能世界定义"可能"和"必然"像是一个自我定义。限于我们课程的目的，我们不对莱布尼茨的解释做更多的哲学讨论。我们只需要指出一点，莱布尼茨的解释是一种具有很强说服力的、直观上自然的解释。建基于这个解释之上的真势模态逻辑，也就有一个坚实的基础。

莱布尼茨的解释中隐含着一个关系结构模型。这里有一个集合 $W$，称为所有可能世界的集合；$W$ 中的每个元素都是一个可能世界。在 $W$ 上有一个二元关系 $R$；两个可能世界 $w$ 和 $w'$ 有关系 $R$，即 $Rww'$，意为 $w'$ 对 $w$ 来说是一个可能的世界（$w$ 是一个特殊的可能世界，即现实世界）。一个赋值函数 $V : P \times W \to \{0, 1\}$，赋予任一原子命题 $p$ 在任一可能世界 $w$ 上一个真值 0 或者 1；赋值函数 $V$ 标定了每个可能世界 $w$ 的基本性质（哪些原子命题在 $w$ 上为真）。

**定义 3.2**　一个框架是一个有序对 $\mathfrak{F} = (W, R)$，其中

- $W$ 是一个非空的集合，
- $R$ 是 $W$ 上的一个二元关系。

一个模型是一个三元组 $\mathfrak{M} = (W, R, V)$，其中

- $(W, R)$ 是一个框架，
- $V : P \times W \to \{0, 1\}$ 是一个赋值函数。

我们经常把模态逻辑的模型称为克里普克模型或可能世界模型。

真势模态逻辑的语义定义如下：

**定义 3.3**　令 $\mathfrak{M} = (W, R, V)$ 是一个模型，$w \in W$，$\varphi$ 是任意公式。$\mathfrak{M}, w \models \varphi$，读作"$\varphi$ 在模型 $\mathfrak{M}$ 的可能世界 $w$ 中为真"，归纳定义如下：

- $\mathfrak{M}, w \models p$，当且仅当，$V(p, w) = 1$，其中 $p$ 是一个命题变元；
- $\mathfrak{M}, w \models \neg\varphi$，当且仅当，$\mathfrak{M}, w \not\models \varphi$；
- $\mathfrak{M}, w \models \varphi \vee \psi$，当且仅当，$\mathfrak{M}, w \models \varphi$ 或者 $\mathfrak{M}, w \models \psi$；
- $\mathfrak{M}, w \models \Box\varphi$，当且仅当，对任意 $v \in W$，如果 $Rwv$ 则 $\mathfrak{M}, v \models \varphi$。

该定义的前三项就是命题逻辑的语义定义。最后一项是 $\Box$ 的语义定义。显然，这个定义是对莱布尼茨解释的直接刻画。它是用严格的数学语言表达出莱布尼茨的解释：必然的就是在所有可能世界中为真的。$\mathfrak{M}, w \models \Box\varphi$（在可能世界 $w$ 中，$\varphi$ 必然为真），当且仅当，对任意 $v \in W$，如果 $Rwv$ [对任意（相对于 $w$ 的）可

能世界 $v$] 有，$\mathfrak{M}, v \models \varphi$（$\varphi$ 在 $v$ 中为真）。

在模态逻辑的语义定义中，我们使用的表达是 $\mathfrak{M}, w \models \varphi$，而不是 $\mathfrak{M} \models \varphi$。因此，公式的真值不是在整个模型上确定的，而是在模型中的某个给定的可能世界上确定的。这一点是模态逻辑与命题逻辑的基本差别之一。

在上下文清楚的前提下，我们有时会简单地用 $w \models \varphi$ 代表 $\mathfrak{M}, w \models \varphi$。

◇ 不是逻辑的初始符号，而是由 □ 定义得到的。我们可以根据 □ 的语义定义推导出 ◇ 的语义定义：

- $\mathfrak{M}, w \models \Diamond\varphi$，当且仅当，

  $\mathfrak{M}, w \models \neg\Box\neg\varphi$，当且仅当，

  $\mathfrak{M}, w \not\models \Box\neg\varphi$，当且仅当，

  并非对任意 $v \in W$，如果 $Rwv$ 则 $\mathfrak{M}, v \models \neg\varphi$，当且仅当，

  存在 $v \in W$ 有 $Rwv$ 且 $\mathfrak{M}, v \not\models \neg\varphi$，当且仅当，存在 $v \in W$ 有 $Rwv$ 且 $\mathfrak{M}, v \models \varphi$。

通过一系列等价推理，我们得到了 ◇ 的语义定义。这个语义定义完全契合莱布尼茨对"可能"的解释：可能的就是在某个可能世界里为真的。

**例 3.3**  令 $\mathfrak{M} = (W, R, V)$ 是一个模型，其中

- $W = \{w_1, w_2, w_3, w_4\}$。
- $R = \{(w_1, w_1), (w_1, w_3), (w_2, w_1), (w_2, w_3), (w_2, w_2), (w_2, w_4), (w_3, w_2), (w_3, w_4)\}$。
- $V(p, w_1) = V(q, w_1) = V(q, w_2) = V(p, w_3) = V(q, w_4) = 1$；$V(p, w_2) = V(q, w_3) = V(p, w_4) = 0$。

模态逻辑的模型可以用图形表示。使用图形表示对于直观地理解一个模型很有帮助。我们可以用图 3.1 表示上面的模型。其中，每个可能世界用一个圆圈表示。可能世界间的箭头代表它们之间的二元关系。例如，从 $w_2$ 到 $w_1$ 的箭头代表 $Rw_2w_1$。弯曲指向自己的箭头代表该可能世界是一个自反点，从图中可以看到有，$Rw_1w_1$ 和 $Rw_2w_2$。赋值函数用圆圈中的原子命题表示。例如，$q$ 在 $w_2$ 中，表示 $q$ 在可能世界 $w_2$ 为真，其他原子命题在 $w_2$ 为假。

在这个模型中，$\mathfrak{M}, w_1 \models q \wedge \Diamond q$ 是否成立？答案是肯定的。按照语义定义，因为存在一个从 $w_1$ 可通达的点（即 $w_1$ 自己），使得 $q$ 在其上为真，所以 $\mathfrak{M}, w_1 \models \Diamond q$，即 $\Diamond q$ 在 $w_1$ 为真。两者的合取自然也为真，即 $\mathfrak{M}, w_1 \models q \wedge \Diamond q$。

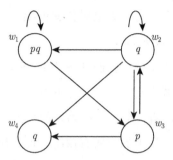

图 3.1　可能世界模型的图示

**练习 3.1**　令 $\mathfrak{M}$ 是例 3.3 中的模型。请判断下面式子的正误，并说明理由：

（1）　$\mathfrak{M}, w_1 \models \neg \Box q$

（2）　$\mathfrak{M}, w_2 \models q \wedge \Diamond \neg q$

（3）　$\mathfrak{M}, w_3 \models \Box \neg p$

（4）　$\mathfrak{M}, w_4 \models \Box p$

我们称模型中的一个点是一个**死点**，如果没有任何从它出发可通达到的点。即 $w$ 是死点，意味着不存在 $w'$ 使得 $Rww'$ 成立。练习 3.1（4）是死点的一个实例。

在一个死点上，形如 $\Box \varphi$ 的公式无条件为真。我们使用谓词逻辑重写 $\Box$ 模态词的语义定义如下：

$$\mathfrak{M}, w \models \Box \varphi, \text{当且仅当}, \forall v(v \in W \wedge Rwv \to \mathfrak{M}, v \models \varphi)$$

当不存在从 $w$ 出发可通达的点 $v$ 时，谓词逻辑公式 $\forall v(v \in W \wedge Rwv \to \mathfrak{M}, v \models \varphi)$ 为真，与 $\varphi$ 具体是哪个公式无关。同理，在一个死点上，形如 $\Diamond \varphi$ 的公式无条件为假。我们使用谓词逻辑重写 $\Diamond$ 模态词的语义定义如下：

$$\mathfrak{M}, w \models \Diamond \varphi, \text{当且仅当}, \exists v(v \in W \wedge Rwv \wedge \mathfrak{M}, v \models \varphi)$$

当不存在从 $w$ 出发可通达的点 $v$ 时，谓词逻辑公式 $\exists v(v \in W \wedge Rwv \wedge \mathfrak{M}, v \models \varphi)$ 为假，与 $\varphi$ 具体是哪个公式无关。

在模态逻辑中，（框架）有效性是一个重要的核心概念。

**定义 3.4**  （1）给定框架 $\mathfrak{F}$ 和公式 $\varphi$，如果对任意模型 $\mathfrak{M} = (\mathfrak{F}, V)$，任意 $\mathfrak{M}$ 中的可能世界 $w$，有 $\mathfrak{M}, w \models \varphi$，则称 $\varphi$ 在框架 $\mathfrak{F}$ 上是有效的，记为 $\mathfrak{F} \models \varphi$。

（2）给定框架类 $F$ 和公式 $\varphi$，如果对任意框架 $\mathfrak{F} \in F$，有 $\mathfrak{F} \models \varphi$，则称 $\varphi$ 在框架类 $F$ 上是有效的，记为 $F \models \varphi$。

（3）如果 $F$ 是所有框架的类，我们则将 $F \models \varphi$ 简记为 $\models \varphi$，称 $\varphi$ 是有效的。

模态逻辑中"有效公式"对应于命题逻辑中的"重言式"。有效的公式直观上代表着有效的推理，即在所有情况下都为真的公式。区别在于，在模态逻辑中，这个"在所有情况下都为真"中的"所有情况"比命题逻辑更复杂一些。命题逻辑的"所有情况"指的是"所有真值指派"，而模态逻辑则需要逐级分为"所有框架、所有模型（赋值）、所有可能世界"。

下面的公式是模态逻辑的一条基本公理，称为 <u>K 公理</u>。这条公理是有效的公式。

**例 3.4**  $\models \Box(p \to q) \to (\Box p \to \Box q)$。

**证明**  即证明 $\models \Box(p \to q) \land \Box p \to \Box q$。

令 $\mathfrak{M} = (W, R, V)$ 是任意模型，$w \in W$ 是任意点。假设 $\mathfrak{M}, w \models \Box(p \to q) \land \Box p$。

由语义定义，对任意 $v$ 使得 $Rwv$ 有，$\mathfrak{M}, v \models p$ 且 $\mathfrak{M}, v \models p \to q$。则对任意 $v$ 使得 $Rwv$ 有，$\mathfrak{M}, v \models q$。因此，$\mathfrak{M}, w \models \Box q$。                     $\Box$

下面的规则是模态逻辑的一条基本规则，称为<u>概括规则</u>，有时也称为<u>必然规则</u>。这条规则是有效的。

**例 3.5**  如果 $\models \varphi$，则 $\models \Box\varphi$。

**证明**  假设 $\models \varphi$，即对任意模型 $\mathfrak{M}$，任意点 $w$，有 $\mathfrak{M}, w \models \varphi$。

令 $v$ 是任意模型中的任意点。有两种情况需要考虑：

（1）如果 $u$ 是一个死点，则 $\Box\varphi$ 在 $u$ 上无条件为真。

（2）假设 $u$ 不是死点。由已知条件可知，对任意 $v$ 使得 $Ruv$，$\varphi$ 在 $v$ 上为真。因此，$\Box\varphi$ 在 $u$ 上为真。                     $\Box$

下面的例子是一个不是有效的公式。要证明一个公式不是有效的，我们需要提供一个它为假的反例。

**例 3.6** $\not\models \diamond\diamond p \rightarrow \diamond p$。

**证明** 令 $\mathfrak{M} = (W, R, V)$ 是一个模型，其中

- $W = \{w, u, v\}$，
- $R = \{(w, u), (u, v)\}$，
- $V(p, v) = 1$，$V(p, w) = V(p, u) = 0$。

容易验证，$\mathfrak{M}, w \models \diamond\diamond p$ 且 $\mathfrak{M}, w \not\models \diamond p$。 $\square$

公式 $\diamond\diamond p \rightarrow \diamond p$ 是模态逻辑中的一个重要公理，称为 4 公理。我们已经证明，4 公理不是有效的，就是说，存在令它为假的情况。我们可以对框架做特定的限制，使得 4 公理成为有效的公式。

**例 3.7** 令 $F$ 是传递框架的类，则 $F \models \diamond\diamond p \rightarrow \diamond p$。即 4 公理在传递框架的类中是有效的。

**证明** 令 $\mathfrak{F} = (W, R) \in F$ 是任意传递的框架，$V$ 是任意赋值，$w \in W$ 是任意点。

假设 $(\mathfrak{F}, V), w \models \diamond\diamond p$。则由语义定义，存在 $u$ 和 $v$ 使得 $Rwu$，$Ruv$，且 $\mathfrak{M}, v \models p$。因为 $R$ 是传递的，有 $Rwv$。则由语义定义，有 $\mathfrak{M}, w \models \diamond p$。因此，$\mathfrak{M}, w \models \diamond\diamond p \rightarrow \diamond p$。 $\square$

**练习 3.2** 一个二元关系 $R$ 是稠密的，如果有 $\forall x \forall y (Rxy \rightarrow \exists z (Rxz \wedge Rzy))$。令 $F$ 是稠密框架的类。求证：

（1） $\not\models \diamond p \rightarrow \diamond\diamond p$。

（2） $F \models \diamond p \rightarrow \diamond\diamond p$。

## 3.5 最小正规模态逻辑 K

本节介绍公理系统 $K$。K 是美国逻辑学家、哲学家克里普克的首字母（Saul Aaron Kripke，生于 1940 年）。克里普克是模态逻辑语义学的主要创始人之一。以他的名字命名了模态逻辑的 K 公理和 $K$ 系统。克里普克之前已有不止一位学者想到了类似的可能世界语义学，最早甚至可以追溯到维特根斯坦（Wittgenstein）

1910 年代的讨论。费斯（Feys）在 1924 年，麦肯锡（Mckinsey）在 1945 年，卡尔纳普（Carnap）在 1945~1947 年，麦肯锡、塔斯基（Tarski）和琼森（Jonsson）在 1947~1952 年，冯赖特（von Wright）在 1951 年，贝克（Becker）在 1952 年，普赖尔（Prior）在 1953~1954 年，蒙太格（Montague）在 1955 年，梅雷迪思（Meredith）与普赖尔在 1956 年，吉奇（Geach）在 1960 年，斯迈利（Smiley）在 1955~1957 年，坎格（Kanger）在 1957 年，欣蒂卡（Hintikka）在 1957 年，纪尧姆（Guillaume）在 1958 年，宾克利（Binkley）在 1958 年，巴雅特（Bayart）在 1958~1959 年，德雷克（Drake）在 1959~1961 年都讨论过类似的构造。克里普克的工作是在 1958~1965 年开展的。

图 3.2  克里普克

克里普克自小便以天才闻名。克里普克六岁时开始自学古希伯来语，九岁已通读莎士比亚的作品，小学时已经对笛卡儿的哲学理论有了深度了解。克里普克同样具有极高的数学天赋。克里普克在模态逻辑领域的开创性工作是他在中学时期完成的。克里普克成年后主要从事哲学研究。他是当代最有影响力的分析哲学家之一。

一个逻辑的定义由它的句法定义和语义定义组成。一个逻辑的公理系统不属于该逻辑的定义。但是，具有公理系统是一个逻辑最重要的性质之一。在本书的预备知识部分，我们强调了公理系统对一个逻辑的重要性。一个公理系统通常由直观简单清楚、其正确性自明的公理，以及自明有效的推理规则组成。公理系统的可靠性和完全性保证了所有"好"的公式都恰好能从该公理系统中得到。

在模态逻辑中，模态逻辑的公理系统收集所有有效的公式。

最小正规模态逻辑系统 $K$ 由以下公理和规则组成。

**Taut：** 所有命题重言式

**K：** $\Box(p \to q) \to (\Box p \to \Box q)$

**分离规则：** $\varphi, \varphi \to \psi \ / \ \psi$

**代入规则：** $\varphi \ / \ \varphi(p, \psi)$

**概括规则：** $\varphi / \Box\varphi$

我们可以证明如下的可靠性和完全性定理。

**定理 3.1** $K$ 的可靠性：如果 $\vdash_K \varphi$，则 $\models \varphi$。

$K$ 的完全性：如果 $\models \varphi$，则 $\vdash_K \varphi$。

由定理 3.1，$K$ 系统恰好收集了所有在任意情况下都为真的公式，即在任意框架、任意模型、任意可能世界上都为真的公式，也即有效的公式。

由于 $K$ 系统对应的是所有框架的类，未对框架做任何限制条件，$K$ 系统是最小的正规模态逻辑系统（读者可暂不理会这里使用的"正规"这个词。对这个问题感兴趣的读者可查阅模态逻辑教科书）。

本书的后续章节将会引入很多模态逻辑系统。它们都是最小正规模态逻辑 $K$ 系统的扩充。

## 3.6 真势模态逻辑

在真势模态逻辑中，公式 $\Box p \to p$ 读作"如果 $p$ 必然为真，那么 $p$ 为真"。在对"必然"这个词的通常理解下，这句话毫无疑问成立。

但是，不难验证，$\Box p \to p$ 不是一个有效的公式，即 $\not\models \Box p \to p$。一个反例就可以说明问题：令 $\mathfrak{M} = (W, R, V)$，其中

- $W = \{w\}$,
- $R = \varnothing$,
- $V(p, w) = 0$。

显然，$\Box p \to p$ 在 $w$ 处为假。我们有了相互冲突的结论：通过逻辑计算，我们知道在某些情况下 $\Box p \to p$ 为假；但是直观上，$\Box p \to p$ 应该总是为真。

**练习 3.3** 判断下列式子的正误，并说明理由：

(1) $\models p \to \Diamond p$

(2) $\models \Box p \to \Diamond p$

(3) $\models \Box p \to \Box\Box p$

(4) $\models p \to \Box \Diamond p$

（5）　$\models \diamond p \to \Box \diamond p$

上面练习中公式都不是有效的。它们都在某些情况下为假。但是，我们一般认为这些公式表达的句子是关于可能和必然的正确表达。出现上述问题的原因，在于 3.4 节中给出的模型的定义并不是合适的真势模态逻辑的模型定义。我们需要对一般化的定义 3.2 中的 $R$ 关系做出一定的限制。

$R$ 关系应该具有某些附加的性质。最明显地，$R$ 关系应该是自反的，即 $\forall x R x x$ 成立。直观上说，对任意可能世界，它自身是一个可能的世界。

莱布尼茨的解释中并没有"$w$ 相对于 $w'$ 是一个可能的世界"这种表述，只有"$w$ 是一个可能世界"这种表述。因此，严格按照莱布尼茨解释的可能世界模型，其 $R$ 关系应该是一个全关系，即 $\forall x \forall y R x y$：所有世界都是可能的世界。通常，我们把这种可能世界模型中的 $R$ 关系限定为是一个等价关系。这是出于技术层面的考虑（保持模态逻辑的局部化特征。更多关于这个话题的讨论可参见其他模态逻辑教科书）。无论如何，这种处理方式并不影响最后得到的逻辑的性质：在当前的模态句法下，$R$ 关系是全关系或者是等价关系，它们对应的逻辑系统是一样的。

**定义 3.5**　一个真势模态模型（框架）是一个三元组 $\mathfrak{M} = (W, R, V)$（有序对 $\mathfrak{F} = (W, R)$），其中

- $W$ 是一个非空的集合，
- $R$ 是 $W$ 上的一个等价的二元关系，
- $V : P \times W \to \{0, 1\}$ 是一个赋值函数。

把 $R$ 关系限定为一个等价关系后，练习 3.3 中提到的应该成立的那些关于可能和必然的陈述，它们对应的公式都是有效的。

**练习 3.4**　令 $F$ 是等价框架的类。验证如下式子成立：

（1）　$F \models p \to \diamond p$

（2）　$F \models \Box p \to \diamond p$

（3）　$F \models \Box p \to \Box \Box p$

（4）　$F \models p \to \Box \diamond p$

（5）　$F \models \Diamond p \to \Box \Diamond p$

自然语言中的必然和可能的概念是有歧义的。哲学家区分了多种不同含义下的必然和可能的概念，如逻辑必然、形而上学必然、物理学必然、现实必然等。在语言中严格使用这些不同的必然和可能的概念是任何严肃论证的必备要素。我们在构建真势模态逻辑模型和语义时并没有考虑这种概念的差异，因为从形式系统的角度看，这些差异都被覆盖了。换句话说，它们虽然有着各自不同的特征，但是它们的逻辑结构是相同的，拥有同一个真势模态逻辑。

## 3.7　模态公式与框架性质的对应关系

一个逻辑提供一种严格定义的形式语言，用来表达给定讨论域的性质。模态逻辑语言用于表达关系结构的性质，也就是框架性质。这里所说的框架性质，指的是框架中关系 $R$ 的性质。那么，在什么意义下，一个模态公式表达了一个框架性质？下面的定义回答这个问题。

**定义 3.6**　令 $\varphi$ 是一个模态逻辑公式。如果对任意框架 $\mathfrak{F} = (W, R)$，$R$ 有性质 $P$ 当且仅当 $\mathfrak{F} \models \varphi$，则我们称 $\varphi$ 表达了（定义了）框架性质 $P$。

这个定义乍看起来有些奇怪，因为它似乎与"表达"这个词的本义有些距离。

以一阶谓词逻辑为例。一阶谓词逻辑公式 $\forall x R x x$ 表达了（关系 $R$ 具有）自反性。这句话看起来十分符合我们对"表达"这个词的直观，因为从公式 $\forall x R x x$ 可以直接读出自反性，即任意对象 $x$ 与其自身有 $R$ 性质。但是，严格的数学定义不能诉诸"直观"这样带有模糊性的标准。在严格的科学意义下，公式 $\forall x R x x$ 表达了自反性，因为对任意（包含 $R$ 的解释的）一阶谓词逻辑模型 $\mathfrak{M}$，$\mathfrak{M}$（中的 $R$ 关系）是自反的，当且仅当，$\mathfrak{M} \models \forall x R x x$。这个"表达"的定义与定义 3.6 中的定义对应，唯一变动的是把模态逻辑的术语换成一阶谓词逻辑的术语。

一个公式 $\varphi$ 表达一个性质 $P$，其根源在于公式 $\varphi$ 可以把满足 $P$ 性质的模型（或框架）从其他模型（或框架）中鉴别出来。在模态逻辑中，鉴别方式是考察 $\phi$ 框架有效性。凡是 $\varphi$ 在其上有效的框架都有 $P$ 性质，凡是 $\varphi$ 在其上无效的框架都没有 $P$ 性质。由此，我们只使用公式 $\varphi$ 就可以找出所有有 $P$ 性质的框架。

下面是三个常用的模态公式：

**T**：$\Box p \to p$

**4**：$\Box p \to \Box\Box p$

**5**：$\Diamond p \to \Box\Diamond p$

T、4 和 5 分别是它们的名字。模态逻辑公式的命名并无一定规则可循。有的来源于人名的首字母，有的来源于公式间的强弱关系，有的来源于习惯。类似 T、4 和 5 这样常用的模态公式，我们经常称它们为 T 公理、4 公理和 5 公理。

上面的三个公式分别表达一个重要的框架性质。

**定理 3.2**　T 表达自反性。

**证明**　按照定义，我们需要证明：任给框架 $\mathfrak{F} = (W, R)$，$R$ 是自反的，当且仅当，$\mathfrak{F} \models \Box p \to p$。分两个方向证明。

（1）从左至右：令 $\mathfrak{F} = (W, R)$ 是任一自反的框架。令 $w$ 是 $\mathfrak{F}$ 中的任意一个点，$\mathfrak{M} = (\mathfrak{F}, V)$ 是任意基于 $\mathfrak{F}$ 的模型。

假设 $\mathfrak{M}, w \models \Box p$。则由语义定义，对任意 $v$ 使得 $Rwv$ 有，$\mathfrak{M}, v \models p$。因为 $R$ 是自反的，即有 $Rww$，所以 $\mathfrak{M}, w \models p$。因此，$\mathfrak{M}, w \models \Box p \to p$。由 $\mathfrak{M}$ 和 $w$ 的任意性，$\mathfrak{F} \models \Box p \to p$。

（2）从右至左：反证。令 $\mathfrak{F} = (W, R)$ 不是一个自反的框架。我们证明 $\Box p \to p$ 在 $\mathfrak{F}$ 中不是有效的，即存在 $\mathfrak{F}$ 中的一个点 $w$，存在一个基于 $\mathfrak{F}$ 的模型 $\mathfrak{M} = (\mathfrak{F}, V)$，使得 $\mathfrak{M}, w \not\models \Box p \to p$。

令 $w$ 是 $\mathfrak{F}$ 中的一个非自反的点。定义一个赋值函数 $V$ 使得

- $V(p, w) = 0$,
- 对任意 $w' \neq w$，$V(p, w') = 1$,
- $V$ 对其他原子命题任意赋值。

显然，$\mathfrak{M}, w \not\models p$。而对所有 $v$ 使得 $Rwv$ 有，$\mathfrak{M}, v \models p$。因此，$\mathfrak{M}, w \models \Box p$。因此，$\mathfrak{M}, w \not\models \Box p \to p$。　　　　　　　　□

**定理 3.3**　4 表达传递性。

**证明**　即证明，对任意框架 $\mathfrak{F} = (W, R)$，$R$ 是传递的，当且仅当，$\mathfrak{F} \models \Box p \to \Box\Box p$。

（1）从左至右：令 $\mathfrak{F} = (W, R)$ 是任一传递的框架，令 $w$ 是 $\mathfrak{F}$ 中的任意一个点，$\mathfrak{M} = (\mathfrak{F}, V)$ 是任意基于 $\mathfrak{F}$ 的模型。

假设 $\mathfrak{M}, w \models \Box p$，但是 $\mathfrak{M}, w \not\models \Box\Box p$。即有 $\mathfrak{M}, w \models \Diamond\Diamond\neg p$。则存在 $u$ 使得 $Rwu$ 且 $\mathfrak{M}, u \models \Diamond\neg p$。则存在 $v$ 使得 $Ruv$ 且 $\mathfrak{M}, v \models \neg p$。由 $R$ 的传递性，$Rwv$。因此，$\mathfrak{M}, w \models \Diamond\neg p$。即 $\mathfrak{M}, w \models \neg\Box p$。矛盾。

（2）从右至左：反证。令 $\mathfrak{F} = (W, R)$ 是一个并非传递的框架。我们证明 $\Box p \to \Box\Box p$ 在 $\mathfrak{F}$ 中不是有效的，即存在 $\mathfrak{F}$ 中的一个点 $w$，存在一个基于 $\mathfrak{F}$ 的模型 $\mathfrak{M} = (\mathfrak{F}, V)$，使得 $\mathfrak{M}, w \not\models \Box p \to \Box\Box p$。

因为 $R$ 不是传递的，存在 $w, u, v$ 使得 $Rwu, Ruv$，但是 $Rwv$ 不成立。定义赋值函数 $V$ 使得

- $V(p, v) = 0$,
- 对任意 $w' \neq v$，$V(p, w') = 1$,
- $V$ 对其他原子命题任意赋值。

显然，$\mathfrak{M}, w \models \Box p$。因为 $\mathfrak{M}, u \not\models \Box p$，$\mathfrak{M}, w \not\models \Box\Box p$。因此，$\mathfrak{M}, w \not\models \Box p \to \Box\Box p$。 $\Box$

**定理 3.4** 5 表达欧氏性 ($\forall x \forall y \forall z (Rxy \wedge Rxz \to Ryz)$)。

**证明** 即证明，对任意框架 $\mathfrak{F} = (W, R)$，$R$ 是欧氏的，当且仅当，$\mathfrak{F} \Vdash \Diamond p \to \Box\Diamond p$。

（1）从左至右：假设框架 $R$ 是欧氏的。令 $w$ 是 $\mathfrak{F}$ 中的任意一个点，$\mathfrak{M} = (\mathfrak{F}, V)$ 是任意基于 $\mathfrak{F}$ 的模型。

假设 $\mathfrak{M}, w \Vdash \Diamond p$。则存在 $u$ 使得 $Rwu$ 且 $\mathfrak{M}, u \Vdash p$。由 $R$ 的欧氏性，对任意 $v$ 使得 $Rwv$，有 $Rvu$。因此，$\mathfrak{M}, v \Vdash \Diamond p$。因此，$\mathfrak{M}, w \Vdash \Box\Diamond p$。

（2）从右至左：反证。假设框架 $\mathfrak{F}$ 不是欧氏的。我们证明 $\Diamond p \to \Box\Diamond p$ 在 $\mathfrak{F}$ 中不是有效的，即存在 $\mathfrak{F}$ 中的一个点 $w$，存在一个基于 $\mathfrak{F}$ 的模型 $\mathfrak{M} = (\mathfrak{F}, V)$，使得 $\mathfrak{M}, w \not\Vdash \Diamond p \to \Box\Diamond p$。

因为 $R$ 不是欧氏的，存在 $w, u, v$ 使得 $Rwu, Rwv$，但是 $Rvu$ 不成立。定义赋值函数 $V$ 使得

- $V(p) = \{z | Rvz \text{ 不成立}\}$,
- $V$ 对其他原子命题任意赋值。

由于 $u \in V(p)$，$\mathfrak{M}, u \Vdash p$，则 $\mathfrak{M}, w \Vdash \Diamond p$。由于在所有由 $v$ 可通达的点上 $p$ 都为假，$\mathfrak{M}, v \Vdash \neg \Diamond p$。因此，$\mathfrak{M}, w \nVdash \Box \Diamond p$。因此，$\mathfrak{M}, w \nVdash \Diamond p \to \Box \Diamond p$。 $\square$

**练习 3.5**   证明下述命题：

（1）  公式 $p \to \Diamond p$ 表达自反性。

（2）  公式 $\Box p \to \Diamond p$ 表达序列性。

（3）  公式 $p \to \Box \Diamond p$ 表达对称性。

（4）  公式表达传递并且没有无穷升链（二元关系 $R$ 没有无穷升链，如果不存在如 $w_0 R w_1 R w_2 \cdots$ 的无穷序列）。

## 3.8   真势模态逻辑的公理系统

真势模态逻辑的公理系统收集所有在真势模态框架下有效的公式。

真势模态逻辑的公理系统 $S5$ 由以下公理和规则组成：

**Taut：**   所有命题重言式

**K：**   $\Box(p \to q) \to (\Box p \to \Box q)$

**T：** $\Box p \to p$

**4：** $\Box p \to \Box \Box p$

**5：** $\Diamond p \to \Box \Diamond p$

**分离规则：**   $\varphi, \varphi \to \psi \ / \ \psi$

**代入规则：**   $\varphi \ / \ \varphi(p, \psi)$

**概括规则：**   $\varphi \ / \ \Box \varphi$

可见，真势模态逻辑的公理系统 $S5$ 是由最小正规模态逻辑 $K$ 系统附加 T、4 和 5 这三个公理而得到的。

我们可以证明如下的可靠性和完全性定理。

**定理 3.5**   令 $F$ 是具有等价关系的框架的类。则

$S5$ 的可靠性：如果 $\vdash_{S5} \varphi$，则 $F \vDash \varphi$。

$S5$ 的完全性：如果 $F \vDash \varphi$，则 $\vdash_{S5} \varphi$。

# 第 4 章　认知逻辑

## 4.1　认知逻辑的句法

讨论"知识"概念的逻辑是知识逻辑；讨论"信念"概念的逻辑是信念逻辑。知识逻辑和信念逻辑统称为认知逻辑。

第 3 章中已经说明，知识逻辑和信念逻辑都是模态逻辑。在知识逻辑中，我们把方块算子 □ 另记为 $K$，称之为知识算子；在信念逻辑中，我们把方块算子 □ 另记为 $B$，称之为信念算子。公式 $K\varphi$ 读作"知道 $\varphi$"。公式 $B\varphi$ 读作"相信 $\varphi$"。

这两个逻辑的句法，除 □ 算子的记法外，等同于模态逻辑的句法。

知识逻辑的公式由以下规则生成：

$$\varphi ::= p \mid \neg\varphi \mid \varphi \vee \varphi \mid K\varphi$$

信念逻辑的公式由以下规则生成：

$$\varphi ::= p \mid \neg\varphi \mid \varphi \vee \varphi \mid B\varphi$$

其他命题连接词可由通常方式定义得到。

## 4.2　信念逻辑的模型和语义

我们先来讨论信念逻辑。要建立信念模型并在模型上给出信念算子 $B$ 的语义定义，我们首先需要对"信念"这个概念有一个概念分析。如前所述，我们需要给出一个可被有力辩护的甚至是自明的对信念概念的解释。

认知逻辑的奠基人是芬兰哲学家、逻辑学家欣蒂卡（Kaarlo Jaakko Juhani Hintikka，1929~2015 年）。除认知逻辑外，欣蒂卡创立了逻辑的博弈语义学。他独立于克里普克提出了模态逻辑的可能世界语义。他创立的表方法（tableau）是几种基本的逻辑语义学之一，尤其以它的直观自然和易上手的特点在逻辑学教材和教学中至今仍被广泛使用。欣蒂卡一生著述极丰，在逻辑学、数学哲学、语言哲学、知识论等领域都是有影响的领先学者。欣蒂卡去世前四天仍抱病参加两个学术会议，并主讲两场讲座。

图 4.1    欣蒂卡

欣蒂卡赋予信念概念一种简单、自然的解释。下面使用一个简单的例子说明这种解释。它尝试回答这个问题：为什么我们会相信某事？例如，我相信北京在下雨。那么，为什么我会持有这个信念？

**例 4.1**    假设主体的认知状态仅由两个基本语句刻画：北京在下雨，记为原子命题 $p$；广州在下雨，记为原子命题 $q$。假设事实上北京和广州都没有下雨。如果主体没有关于当前世界的信息，那么对他来说，世界的可能状态共有四个，其中 $w_4$ 是主体所处的状态：

$w_1$：  $p$ 真 $q$ 真，即北京在下雨；广州在下雨。

$w_2$：  $p$ 真 $q$ 假，即北京在下雨；广州不在下雨。

$w_3$：  $p$ 假 $q$ 真，即北京不在下雨；广州在下雨。

$w_4$：  $p$ 假 $q$ 假，即北京不在下雨；广州不在下雨。

假设主体得到了支持"北京在下雨"的证据。那么，对主体来说，世界的可能状态只剩下两个：$w_1$ 和 $w_2$。我们用图 4.2 表示。

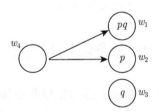

图 4.2    信念模型

反过来，假设主体认为世界的可能状态只有 $w_1$ 和 $w_2$。这时，主体相信什么？因为在主体认为的所有可能状态中，北京都在下雨，所以主体相信北京在下雨。但是，主体不相信广州在下雨。因为他认为 $w_2$ 是一个可能的状态，而在这个可能的状态下，广州不在下雨。

信念逻辑建基于如下关于信念的解释：主体相信 $\varphi$，当且仅当，$\varphi$ 在所有主体认为可能的状态下都为真。从这个解释出发可以自然地构造一个信念的可能世界模型。

一个二元关系 $R$ 是序列的（serial），如果它满足条件：$\forall x \exists y R_B xy$。

一个二元关系 $R$ 是欧氏的（Euclidean），如果它满足条件：$\forall x \forall y \forall z (R_B xy \wedge R_B xz \rightarrow R_B yz)$。

**定义 4.1** 一个<u>信念模型</u>（信念框架）是一个三元组 $\mathfrak{M} = (W, R_B, V)$（有序对 $\mathfrak{F} = (W, R_B)$），其中

- $W$ 是一个非空的状态的集合。
- $V : P \times W \rightarrow \{0, 1\}$ 是一个赋值函数。
- $R_B$ 是 $W$ 上的一个传递的、欧氏的和序列的二元关系。

请注意，这个信念模型是一个标准的可能世界模型：它由一个点集、一个二元关系、一个赋值构成。在信念模型下，我们通常称模型中的一个点为一个状态，而不是一个可能世界。这个差别只是概念上、称呼上的差别，其逻辑结构是完全一样的。

两个状态 $w$ 和 $v$ 有二元关系 $R_B$，即 $R_B wv$，其直观含义是"处于状态 $w$ 的主体认为状态 $v$ 是一个可能的状态"。在这里，状态 $w$ 是主体事实上所处的状态。我们通常称信念模型中的二元关系 $R_B$ 为认知可通达。

信念逻辑的语义定义如下：

**定义 4.2** 令 $\mathfrak{M} = (W, R_B, V)$ 是一个信念模型，$w \in W$，$\varphi$ 是任意公式。$\mathfrak{M}, w \models \varphi$ 归纳定义如下：

- $\mathfrak{M}, w \models p$，当且仅当，$V(p, w) = 1$，其中 $p$ 是一个命题变元。
- $\mathfrak{M}, w \models \neg\varphi$，当且仅当，$\mathfrak{M}, w \not\models \varphi$。
- $\mathfrak{M}, w \models \varphi \vee \psi$，当且仅当，$\mathfrak{M}, w \models \varphi$ 或者 $\mathfrak{M}, w \models \psi$。
- $\mathfrak{M}, w \models B\varphi$，当且仅当，对任意 $v \subset W$，如果 $R_B wv$ 则 $\mathfrak{M}, v \models \varphi$。

定义中最后一行是信念算子 $B$ 的语义定义。这个定义是对"相信的就是在所

有可能状态中为真的"这句话的直接刻画。它用严格的数学语言表达对信念的这个解释。

在信念模型的定义中对认知可通达 $R_B$ 有三个限定条件，即传递性、欧氏性和序列性。这三个条件是为了确保三条关于信念的公理成立。前两条公理我们在第 3 章已经介绍过。4 公理形如 $\Box p \to \Box\Box p$，在信念逻辑中，该公理记为

**4**：$Bp \to BBp$

直观上，4 公理是说，如果主体相信一个东西，那么主体将会相信自己相信它。这代表了主体的一种自省能力。我们称 4 公理为正自省公理。

5 公理形如 $\Diamond p \to \Box\Diamond p$。我们将其中的 $\Diamond$ 还原为 $\neg\Box\neg$ 的形式，则 5 公理变形为 $\neg\Box\neg p \to \Box\neg\Box\neg p$。由于 $p$ 可替换为任意公式，5 公理可记为 $\neg\Box p \to \Box\neg\Box p$。在信念逻辑中，该公理记为

**5**：$\neg Bp \to B\neg Bp$

直观上，5 公理是说，如果主体不相信一个东西，那么主体将会相信自己不相信它。这也代表了主体的一种自省能力。我们称 5 公理为反自省公理。4 公理和 5 公理统称为自省公理。

我们的第三条信念公理称为 D 公理：

**D**：$\neg B(p \wedge \neg p)$

D 公理保证信念的一致性，即主体不会相信一个矛盾命题。

在第 3 章中我们已经知道，4 公理表达自反性，5 公理表达欧氏性。下面的练习表明，D 公理对应的框架性质是序列性。

**练习 4.1**　证明：D 公理表达序列性。

有了这些结果，又因为信念模型是传递的、欧氏的和序列的模型，4 公理、5 公理和 D 公理在任意信念模型的任意状态中都为真。因此，它们在信念逻辑中是有效的公式。

我们并不要求信念模型是自反的。也就是说，我们允许 $R_Bww$ 不成立。直观上，这意味着，虽然事实上主体所处的状态是 $w$，但由于主体没有关于所处状态的完全的、正确的信息，所以他认为 $w$ 不是一个可能的状态。这种情况常见于现

实世界。

回到例 4.1。假设 $w_3$ 是现实的状态，但主体认为可能的状态只有 $w_1$ 和 $w_2$。在这种情况下，我们有 $w_3 \models Bp$。虽然事实上北京不在下雨，但是主体却相信北京在下雨。我们的信念有可能是错误的。

信念模型不是自反的，与之对应，T 公理（$Bp \rightarrow p$）不是信念逻辑的公理。$Bp \rightarrow p$ 的直观含义是"相信的都是真的"。显然，它是一个关于信念的错误的陈述。

## 4.3　信念逻辑的公理系统

信念逻辑的公理系统 $KD45$ 由以下公理和规则组成：

**Taut**：　所有命题重言式

**K**：　$B(p \rightarrow q) \rightarrow (Bp \rightarrow Bq)$

**D**：　$\neg B(p \wedge \neg p)$

**4**：　$Bp \rightarrow BBp$

**5**：　$\neg Bp \rightarrow B\neg Bp$

**分离规则**：　$\varphi, \varphi \rightarrow \psi \ / \ \psi$

**代入规则**：　$\varphi \ / \ \varphi(p, \psi)$

**概括规则**：　$\varphi \ / \ B\varphi$

信念逻辑的公理系统 $KD45$ 是由最小正规模态逻辑 $K$ 系统附加 D、4 和 5 这三个公理而得到的。

**练习 4.2**　试比较 $S5$ 和 $KD45$ 这两个公理系统。

我们可以证明如下的可靠性和完全性定理。

**定理 4.1**　令 $F$ 是序列的、传递的且欧氏的框架的类。则

$KD45$ 的可靠性：如果 $\vdash_{KD45} \varphi$，则 $F \models \varphi$。

$KD45$ 的完全性：如果 $F \models \varphi$，则 $\vdash_{KD45} \varphi$。

# 4.4  知识逻辑的模型和语义

4.3 节中给出了信念逻辑的定义。现在我们来考察知识逻辑。

知道和相信本是两个意义接近的概念。尤其是在日常生活语言中，语言的精确性不是一个绝对的要求，人们经常交混使用知道和相信这两个词。例如，有些人说，我相信明天下雨；有些人则说，我知道明天下雨。这两句话似乎表达了相似的意思，除了后者比前者有更强的断言的意味。

古希腊哲学家柏拉图（Plato，公元前 429 ~ 前 347 年）早在两千多年前对知识和信念关系的论述，至今仍是哲学的主流观点。柏拉图说，知识就是（证实了的）真信念。人的信念当然可能是错误的；但是知识则必须是真的、正确的。按这个标准考察上面的那个例子。"我相信明天下雨"，这句话没有问题。它表达了主体的一个信念。明天究竟是否下雨，我这个信念是否是错误的，这是另外一个问题，它并不影响我当下持有这样的信念。但"我知道明天下雨"，这句话本身就是对"知道"这个语词的误用。"明天下雨"这个命题在当下不可能确定是真的；而知道的东西必须是真的东西。

在 4.2 节中，我们看到，信念逻辑中的公理 T，即 $Bp \to p$，不是一个有效的公式。按照柏拉图的观点，知识一定是真的。所以，知识逻辑中的公理 T，即 $Kp \to p$，应该是一个有效的公式。由定理 3.2，公理 T 表达了框架的自反性。因此，要令 $Kp \to p$ 成为有效的公式，只需把自反性加入信念模型作为二元关系的一个限制条件即可。信念模型中二元关系已有传递、欧氏、序列这三个条件。那么，知识模型中的二元关系应该是传递的、欧氏的、序列的和自反的。一个等价关系是一个自反的、传递的和对称的二元关系。下面的练习给出等价关系的另一种定义方式。

**练习 4.3**  证明如下命题：

（1）  如果一个二元关系是自反的，那么它一定是序列的。

（2）  一个二元关系是等价的，当且仅当，它是传递的、欧氏的和自反的。

由练习 4.3，传递的、欧氏的、序列的和自反的这四个限制条件等同于等价的这一个限制条件。由此，我们得到结论，知识模型中的二元关系是一个等价关系。

**定义 4.3** 一个<u>知识模型</u>（知识框架）是一个三元组 $\mathfrak{M} = (W, R_K, V)$（有序对 $\mathfrak{F} = (W, R_K)$），其中

- $W$ 是一个非空的状态的集合。
- $V : P \times W \to \{0,1\}$ 是一个赋值函数。
- $R_K$ 是 $W$ 上的一个等价的二元关系。

我们已经知道，公理 T 表达自反性，公理 4 表达传递性，公理 5 表达欧氏性。这三条公理也构成知识逻辑的三条公理：

**T**：$Kp \to p$

**4**：$Kp \to KKp$

**5**：$\neg Kp \to K \neg Kp$

T 公理表明知识总是真的，4 公理和 5 公理则分别表明知识的正自省性和反自省性。虽然一般使用知识逻辑中包含表达正反自省性的 4 公理和 5 公理，但是，对于知识是否应具有自省性，特别是知识是否应具有反自省性，仍是有争议的哲学问题。限于本书的目的，我们在此不专门讨论这个问题。

我们可以使用另一种方式建立知识逻辑。这就是我们用于建立真势模态逻辑和信念逻辑的方式：我们首先对知识做一个概念分析，得到关于知识的一个解释，然后基于这个解释建立知识的模型。

考察下面的对知识的解释：$\varphi$ 是主体的知识，当且仅当，在所有按主体知识不可区分的状态中，$\varphi$ 都为真。假设 $w$ 和 $v$ 是两个不同的状态。这个对知识的解释看起来几乎又是一个同义反复（事实上也不是）：它在用知识定义知识。我们可以把这个解释作为建立知识逻辑的牢固的概念基础。

在状态的集合上定义一个二元关系 $R_K$。令 $R_K wv$ 意味着主体不能用自己的知识区分这两个状态，换句话说，在主体看来，$w$ 和 $v$ 就是同一个状态。两个状态"不可区分"这个二元关系显然应该是一个等价关系。即 $R_K$ 是一个等价关系。由此，我们得到与定义 4.3 完全相同的知识模型。

知识逻辑的语义定义如下：

**定义 4.4** 令 $\mathfrak{M} = (W, R_K, V)$ 是一个知识模型，$w \in W$，$\varphi$ 是任意公式。

$\mathfrak{M}, w \models \varphi$ 归纳定义如下：

- $\mathfrak{M}, w \models p$，当且仅当，$V(p, w) = 1$，其中 $p$ 是一个命题变元。

- $\mathfrak{M}, w \models \neg\varphi$，当且仅当，$\mathfrak{M}, w \not\models \varphi$。

- $\mathfrak{M}, w \models \varphi \vee \psi$，当且仅当，$\mathfrak{M}, w \models \varphi$ 或者 $\mathfrak{M}, w \models \psi$。

- $\mathfrak{M}, w \models K\varphi$，当且仅当，对任意 $v \in W$，如果 $R_K wv$ 则 $\mathfrak{M}, v \models \varphi$。

显然，除了我们把符号 $B$ 换成了符号 $K$，知识逻辑与信念逻辑有着相同的语义定义。这个定义是对"知识就是在所有由知识不可区分的状态中都为真的句子"这句话的直接刻画。它用严格的数学语言来表达我们对知识的这个解释。

上文中定义的信念逻辑和知识逻辑，也被称为标准信念逻辑和标准知识逻辑。

尽管标准信念逻辑和标准知识逻辑是通常使用的、流行的逻辑系统，仍有学者质疑它们的合理性，特别是标准知识逻辑的合理性。他们提出了多种替代方案。例如，有些学者认为应该直接从句法上按照柏拉图的定义来定义知识逻辑。即合理的知识算子应该是如下定义的 $K'$：

- $K'\varphi =_{df} B\varphi \wedge \varphi$

本书将集中讨论标准认知逻辑。读者可以自行在文献中查找类似这样的替代逻辑。

我们可以把知识逻辑和信念逻辑整合到一个逻辑中。在这个逻辑中，我们可以讨论关于知识和信念关系的性质。例如：

- 信念的强正自省性：$Bp \rightarrow KBp$。

- 信念的强反自省性：$\neg Bp \rightarrow K\neg Bp$。

- 知识蕴涵信念：$Kp \rightarrow Bp$。

它们表达的框架性质分别是：

- $\forall x \forall y \forall z (R_K xy \wedge R_B yz \rightarrow R_B xz)$。

- $\forall x \forall y \forall z (R_K xy \wedge R_B xz \rightarrow R_B yz)$。

- $\forall x \forall y (R_B xy \rightarrow R_K xy)$。

**练习 4.4**　证明：上面的三个公式（信念的强正自省性、信念的强反自省性和知识蕴涵信念）分别表达了它们对应的框架性质。

## 4.5 知识逻辑的公理系统

知识逻辑的公理系统 $S5$ 由以下公理和规则组成：

**Taut**： 所有命题重言式

**K**： $K(p \to q) \to (Kp \to Kq)$

**T**： $Kp \to p$

**4**： $Kp \to KKp$

**5**： $\neg Kp \to K\neg Kp$

**分离规则**： $\varphi, \varphi \to \psi \,/\, \psi$

**代入规则**： $\varphi \,/\, \varphi(p, \psi)$

**概括规则**： $\varphi \,/\, K\varphi$

知识逻辑的公理系统与真势模态逻辑的公理系统都是 $S5$，除了记号的差异，它们在逻辑结构上是完全一样的。

我们可以证明如下的可靠性和完全性定理。

**定理 4.2** 令 $F$ 是等价的（自反、传递且欧氏的）框架的类。则

$S5$ 的可靠性：如果 $\vdash_{S5} \varphi$，则 $F \models \varphi$。

$S5$ 的完全性：如果 $F \models \varphi$，则 $\vdash_{S5} \varphi$。

## 4.6 多主体知识逻辑

标准认知逻辑隐含一个认知主体。这种认知逻辑称为单主体认知逻辑。在现实中，我们经常要考虑包括多个主体的知识或信念系统。

如《庄子》中的这句话："安知我不知鱼之乐?"，意思是，你不知道我知不知道鱼之乐。显然，要把这句话形式化为一个逻辑公式，只使用一个知识算子 $K$ 是不够的。我们需要两个知识算子：$K_Y$，代表"你知道"；$K_I$，代表"我知道"。那么这句话可以写成逻辑公式：

$$\neg K_Y K_I p \land \neg K_Y \neg K_I p$$

其中 $p$ 代表"鱼之乐"。这个例子中有两个主体。

在一般情况下，我们考虑有 $n$（$n \geqslant 1$）个主体的知识逻辑。

**练习 4.5**  空城计出自《三国演义》。诸葛亮开城门，焚香操琴迎曹军。"懿看毕大疑，便到中军，教后军作前军，前军作后军，望北山路而退。次子司马昭曰：'莫非诸葛亮无军，故作此态？父亲何故便退兵？'懿曰：'亮平生谨慎，不曾弄险。今大开城门，必有埋伏。我军若进，中其计也。汝辈岂知？宜速退。'"请使用（多主体）知识逻辑公式分别表达司马懿和司马昭的知识。

多主体知识逻辑的符号表与单主体知识逻辑相同，除了我们使用 $n$ 个知识算子 $K_1, \cdots, K_n$ 代替原来的单个知识算子 $K$。知识算子 $K_i$ 是主体 $i$ 的知识算子。

多主体知识逻辑的公式由以下规则构成：

$$\varphi ::= p \mid \neg\varphi \mid \varphi \vee \varphi \mid K_1\varphi \mid \cdots \mid K_n\varphi$$

公式"$K_i\varphi$"读作"主体 $i$ 知道 $\varphi$"。使用这个多主体知识逻辑语言，我们可以表达主体间相互的知识表达和推理。例如，如果 $i$ 知道 $p$，那么 $j$ 知道 $k$ 不知道 $q$：$K_ip \rightarrow K_j\neg K_kq$。

多主体知识模型是对单主体知识模型的直接扩展。在单主体知识模型中，主体的知识用一个状态间的二元关系 $R_K$ 刻画。多主体知识模型中，每个主体的知识分别对应一个二元关系。

**定义 4.5**  一个多主体知识模型是一个多元组 $\mathfrak{M} = (W, R_1, \cdots, R_n, V)$，其中

- $W$ 是一个非空的状态的集合。
- $V : P \times W \rightarrow \{0, 1\}$ 是一个赋值函数。
- 每个 $R_i$（$1 \leqslant i \leqslant n$）都是 $W$ 上的一个等价的二元关系。

直观上，$R_iwv$ 意味着主体 $i$ 不能用自己的知识区分状态 $w$ 和状态 $v$。

多主体知识逻辑的语义定义与单主体知识逻辑没有本质区别。每个知识算子 $K_i$ 的语义定义分别由它们对应的二元关系 $R_i$ 给出。

**定义 4.6**  令 $\mathfrak{M} = (W, R_1, \cdots, R_n, V)$ 是一个多主体知识模型，$w \in W$，$\varphi$ 是任意公式。$\mathfrak{M}, w \models \varphi$ 归纳定义如下（以下省略了命题逻辑部分）：对 $1 \leqslant i \leqslant n$，

- $\mathfrak{M}, w \models K_i\varphi$，当且仅当，对任意 $v \in W$，如果 $R_iwv$，则 $\mathfrak{M}, v \models \varphi$。

# 4.7 多主体知识逻辑中的群体知识算子

多主体知识逻辑增加了知识逻辑的表达力，使得我们能够表达多个主体间相互的知识表达和推理。在实践中，我们经常使用另一类知识算子，即群体知识算子。我们可以把这些群体知识算子加入到多主体知识逻辑中，进一步增加逻辑语言的表达力。下面介绍三种重要的群体知识算子。

## 4.7.1 $E$ 算子

我们经常使用"所有人都知道"或"每个人都知道"这样的表达。我们为它引入一个算子 $E$。公式 $E\varphi$ 读作"每个主体都知道 $\varphi$"。$E$ 算子并不是一个真正的"新的"算子，因为我们可以在原有的多主体知识逻辑中把它定义出来：

$$E\varphi =_{df} K_1\varphi \wedge \cdots \wedge K_n\varphi$$

公式 $K_1\varphi \wedge \cdots \wedge K_n\varphi$ 读作"主体 1 知道 $\varphi$ 并且主体 2 知道 $\varphi$ 并且……主体 $n$ 知道 $\varphi$"，换句话说，每个主体都知道 $\varphi$。

$E$ 算子也对应模型中的一个二元关系。我们可以把这个二元关系计算出来，见下面的练习。

**练习 4.6** 令 $R_E = \bigcup_{i=1}^n R_i$。证明：$\mathfrak{M}, w \models E\varphi$，当且仅当，对任意 $v \in W$，如果 $R_E wv$，则 $\mathfrak{M}, v \models \varphi$。

## 4.7.2 $D$ 算子

我们不难从 $E$ 算子想到另一个常见的表达，即"某个人知道"。我们可以引入一个算子 $X$，公式 $X\varphi$ 读作"某个主体知道 $\varphi$"。我们使用相似的方式把 $X$ 算子定义出来：

$$X\varphi =_{df} K_1\varphi \vee \cdots \vee K_n\varphi$$

公式 $K_1\varphi \vee \cdots \vee K_n\varphi$ 读作"主体 1 知道 $\varphi$ 或者主体 2 知道 $\varphi$ 或者……或者主体 $n$ 知道 $\varphi$"。也就是说，存在某个主体，这个主体知道 $\varphi$。

群体知识算子 $X$ 有着清楚的直观含义。但是，主要出于技术原因，我们在实践中较少使用这个算子。算子 $X$ 甚至不满足最基本的模态逻辑公理 $K$ 公理。见下面的练习。

**练习 4.7**　证明：$X(p \to q) \to (Xp \to Xq)$ 不是知识逻辑中的有效公式。

我们更经常使用的是被称为分布式知识（distributed knowledge）算子的 $D$ 算子。公式 $D\varphi$ 读作 "$\varphi$ 是一个分布式知识"，或者 "$\varphi$ 是主体充分交流后的群体知识"。$D$ 算子不能在原有的多主体知识逻辑中被定义出来。我们需要单独给出它的语义定义。

**定义 4.7**　令 $\mathfrak{M} = (W, R_1, \cdots, R_n, V)$ 是一个多主体知识模型，$w \in W$，$\varphi$ 是任意公式。令 $R_D = R_1 \cap \cdots \cap R_n$。则

- $\mathfrak{M}, w \models D\varphi$，当且仅当，对任意 $v \in W$，如果 $R_D wv$ 则 $\mathfrak{M}, v \models \varphi$。

这个语义定义的直观解释如下：主体交流后，每个主体认为的可能状态有可能会减少。例如，假设主体 1 认为 $w$ 状态是不可能的，主体 2 认为 $w$ 状态是可能的。他们交换信息后，主体 2 从主体 1 那里了解到，$w$ 是一个不可能的状态。因此，所有主体充分交流后，他们认为可能的状态得到统一，体现于关系 $R_1 \cap \cdots \cap R_n$ 中。

### 4.7.3　$C$ 算子

$C$ 算子是公共知识（common knowledge）算子，它是最重要、最常用的群体知识算子。我们从几个例子来了解什么是公共知识。

**例 4.2**　假设，每个司机都知道应该在道路右侧行车。又假设没有其他影响交通安全的因素。这种情况下，你开车会有安全感吗？

乍看起来，在这种情况下，开车应该是安全的。因为大家都知道各自应该在道路右侧行车，所以我们都会右侧行车，不会撞上对面来车。这个推理是有问题的。我们虽然各自知道右侧行车。但是，我不知道你知道这件事，我也不知道你知道我知道这件事。因为我不知道关于其他人知道什么的信息，所以我并不确认其他人会在道路的哪一侧行车。为了我自身的安全，我并不保证自己在右侧行车。

从上面的推理里可以看出，大家安全行车的前提，是保证如下的句子为真：

- 每个人都知道每个人都知道每个人都知道……在道路右侧行车。

句子中的 "每个人都知道" 需要在句子开头重复无穷多次（这不是一个现实中可能的句子）。

　　句子应该为真。因为交通规则是一个公告（我们假设所有司机都学习过交通规则）。通过这样的一个公告，达到了"我知道你知道他知道我知道……在道路右侧行车"。我们称类似这样的知识是一个公共知识。

　　**例 4.3**　三支军队作战。两支友军，A 和 B，安扎在峡谷两侧，准备攻击峡谷中的敌军 C。A 和 B 只有同时发动攻击，他们才会获胜。因此，A 和 B 只有在完全确认协调行动的前提下，才会发动攻击。A 和 B 使用通信员协调行动。通信员有可能被中间的敌军 C 拦截。以下是 A 和 B 的通信过程：

- A 发送给 B："黎明攻击"。B 收到该信息后发送给 A："确认收到"。A 收到信息后发送给 B："收到你的确认"。问题是：黎明时将发生什么？

黎明时什么都不会发生。通过以上通信，A 和 B 并不能完全确认协调行动。第一次通信后，B 知道黎明攻击，但是 A 不知道 B 知道。第二次通信后，A 知道 B 知道黎明攻击，但是 B 不知道 A 知道 B 知道。对第三次通信可类似分析。因此，完全协调行动需要 A 和 B 进行无穷次的通信，从而使得"两军都知道两军都知道……黎明攻击"为真。也就是"黎明攻击"成为一个公共知识。

　　在上例中，如果 A 和 B 可以直接电话通话，那么"黎明攻击"在他们通话后立即成为他们的公共知识。现实中，我们经常不方便如此直接交换信息以形成公共知识。网络通信是这种情况中最重要的应用。互联网的 TCP 协议中，三握手协议是我们在建立一个网络连接时最常进行的通信。三握手协议使用的就是如例 4.3 中两支军队的通信形式。TCP 的三握手协议：A 发送给 B："请求连接"。B 发送给 A："确认收到请求"。A 发送给 B："收到你的确认"。显然，由 TCP 协议建立的连接并不是一个安全的连接。

　　我们引入算子 $C$ 表达公共知识，公式 $C\varphi$ 读作"每个主体都知道每个主体都知道每个主体都知道……$\varphi$"。

　　我们前面刚介绍了 $E$ 算子。$E$ 算子读作"每个主体都知道"。那么，最直接的定义 $C$ 算子的方式如下：

$$C\varphi =_{df} E\varphi \wedge EE\varphi \wedge EEE\varphi \wedge \cdots$$

　　虽然这个定义在直观上十分自然，但是它不是一个合法的逻辑定义。逻辑学的一个基本原则是，逻辑公式总是有穷长的（回想下公式是如何构造的。公式的形成方式使得任意公式的长度只能是有穷的)。而上面定义的 $C\varphi$ 是一个有无穷长度的式子。$C$ 算子不能在原有的多主体知识逻辑中被定义出来。我们需要独立地给出 $C$ 算子的语义定义。

我们前面已经定义了 $R_E = R_1 \cup \cdots \cup R_n$。令 $R_C$ 是 $R_E$ 的传递闭包。即 $R_C wv$,当且仅当,存在序列 $w = u_0 R_E u_1 R_E \cdots R_E u_m = v$。

**定义 4.8**   令 $\mathfrak{M} = (W, R_1, \cdots, R_n, V)$ 是一个多主体知识模型,$w \in W$,$\varphi$ 是任意公式。则

- $\mathfrak{M}, w \models C\varphi$,当且仅当,对任意 $v \in W$,如果 $R_C wv$ 则 $\mathfrak{M}, v \models \varphi$。

## 4.8   逻辑全知问题及其解决方案

标准认知逻辑建基于对知识和信念的合理的概念解释。但是,标准认知逻辑仍有些需要克服的困难。逻辑全知问题是其中最重要的问题之一。

作为个体的人,我们只可能拥有有限的智力资源:我们只有有穷多个脑细胞。因此,我们能够持有的知识或信念,我们做知识推理或信念推理的能力必然是有限的。但是,标准认知逻辑刻画的主体却具有逻辑全知的特征。下文以信念逻辑为例考察逻辑全职问题。知识逻辑的逻辑全职问题与信念逻辑的类似,这里不再专门讨论。

考察下面三个公式:

**LO1:**   $B(\varphi \to \psi) \to (B\varphi \to B\psi)$

**LO2:**   $\varphi / B\varphi$

**LO3:**   $\neg(B\varphi \wedge B\neg\varphi)$

LO 是逻辑全知(logical omniscience)的缩写。

**练习 4.8**   证明:LO1 和 LO3 是标准信念逻辑中的有效公式。LO2 是标准信念逻辑中的有效规则。

LO1~LO3 是逻辑全知问题的三种重要的形式。它们表达的不是信念具有的性质。一个"好"的信念逻辑应该把它们排除在外。

LO1 是逻辑全知的一种表现形式。LO1 说,如果相信 $\varphi \to \psi$ 并且相信 $\varphi$,

那么也相信 $\psi$。也就是说，主体的信念系统在分离规则下封闭。作为推理能力有限的主体，一般来说，没有能力把这样的推理进行到底。LO1 预设了主体无限的推理能力，因此应该是一个被信念逻辑排除在外的公式。

LO2 说，主体相信所有有效的公式。这显然是一个理想的假设。所有有效的公式有无穷多个。但单个的、作为脑容量有限的主体，只能容纳有穷多个信念。例如，一个包含 2 亿个字符的公式，即使它事实上是一个重言式，它也不太可能成为主体的一个信念，因为主体没有这样的智力资源去容纳这个信念。LO2 预设了主体具有无限的认知资源，因此它也是逻辑全知的一种表现形式，需要被排除在信念逻辑之外。

特别地，LO1 和 LO2 合起来意味着，主体的信念系统在逻辑后承下封闭。这就显然超出了任何现实中主体的能力。

LO1 和 LO2 是逻辑全知问题，因为它们导致主体相信的"过多"，以至于超出了主体的认知能力。LO3 则体现了另一类逻辑全知问题。LO3 说，主体不能既相信 $\varphi$ 又相信 $\neg\varphi$。但是，作为认知能力有限的主体，他的信念系统可能包含这种不一致性，相信这样两个相互不一致的命题。例如，主体可能既相信相对论又相信量子力学，即使这二者可能是不一致的。LO3 导致主体相信的"过少"。它也是逻辑全知的一种表现形式，需要被排除在信念逻辑之外。

除我们介绍的三种之外，逻辑全知问题的还有其他多种表现形式。它们虽然相互区别，又有各种相互强弱、相互导出的关系。本书将只讨论上面的三种形式。

逻辑学家通过各种方式修订标准认知逻辑，使得逻辑全知问题被排除在外。下面我们介绍其中三种。这三种逻辑都是根据分析逻辑全知问题产生的原因，从而得到一个对信念概念的直观解释，进而建立其逻辑模型。我们这里呈现的是简化版的三种逻辑。

### 4.8.1 觉知逻辑

觉知逻辑把"觉知"（awareness）这个概念加入到信念逻辑中。它的基本想法是：觉知是相信的前提。也就是说，主体需要首先觉知到一个句子，然后才有可能相信它。前面我们提到了一个不可能被主体觉知到的、长度为 2 亿个字符的重言式。这个公式，因为它是一个重言式，所以原则上主体"应该"相信它。但是，它的长度使得有限能力的主体不可能觉知到它（是一个重言式），所以，它不可能真正成为一个信念。觉知逻辑以此来排除逻辑全知问题。另外，一旦主体通过某种方式觉知到该公式（虽然在现实中不可能），那么主体将会相信它。

具体地，觉知逻辑区分两种不同的信念：明晰信念（explicit belief）和潜在信念（implicit belief）。明晰信念是指主体真正持有的信念。潜在信念则是指这样一些句子，这些句子不是主体的信念。但是，一旦主体觉知到它们，那么它们将会成为主体的信念。上述的那个 2 亿个字符长度的重言式就是这样的潜在信念：它不是一个信念，但是它将成为一个信念一旦主体觉知到它。两种信念和觉知有如下的等式关系：

- 明晰信念＝潜在信念＋觉知。

觉知逻辑的公式由以下规则生成：

$$\varphi ::= p \mid \neg\varphi \mid \varphi \vee \varphi \mid B\varphi \mid A\varphi \mid L\varphi$$

公式 $B\varphi$ 读作"潜在相信 $\varphi$"。公式 $A\varphi$ 读作"$\varphi$ 被觉知"。公式 $L\varphi$ 读作"明晰相信 $\varphi$"。

**定义 4.9**　一个觉知模型是一个多元组 $\mathfrak{M} = (W, R_B, V, \mathcal{A})$，其中

- $W$ 是一个非空的状态的集合。
- $V : P \times W \rightarrow \{0, 1\}$ 是一个赋值函数。
- $R_B$ 是 $W$ 上的一个传递、序列和欧氏的二元关系。
- $\mathcal{A} : W \rightarrow \mathcal{P}(L)$ 是一个函数，其中，$L$ 是所有公式的集合，$\mathcal{A}$ 称为觉知函数。对任意状态 $w$，$\varphi \in \mathcal{A}(w)$ 意味着 $\varphi$ 在状态 $w$ 被觉知到。

觉知模型定义中的前三项与信念逻辑中的完全一样。觉知模型比信念模型附加了一个觉知函数。觉知逻辑的语义定义如下：

**定义 4.10**　令 $\mathfrak{M} = (W, R_B, V, \mathcal{A})$ 是一个觉知模型，$w \in W$，$\varphi$ 是任意公式。$\mathfrak{M}, w \models \varphi$ 归纳定义如下（我们只给出新增加的两个算子 $A$ 和 $L$ 的定义，其他的定义与标准信念逻辑相同）：

- $\mathfrak{M}, w \models A\varphi$，当且仅当，$\varphi \in \mathcal{A}(w)$
- $\mathfrak{M}, w \models L\varphi$，当且仅当，

- (1) $\mathfrak{M}, w \models A\varphi$；

- (2) $\mathfrak{M}, w \models B\varphi$。

公式的有效性按通常方式定义。

可以看到，明晰信念算子 $L$ 的语义定义直接来源于觉知逻辑的基本想法，即明晰信念＝潜在信念＋觉知。

下面的练习说明，觉知逻辑可以排除部分逻辑全知问题。

**练习 4.9** 证明：在觉知逻辑中，LO1 和 LO2 不是有效的，LO3 仍是有效的。

### 4.8.2 不可能状态语义

在可能世界模型中，任何可能的状态中不会包含不一致的命题。不可能状态模型基于以下想法克服逻辑全知问题：作为认知能力有限的主体，他有时会错误地把一个事实上不可能的状态当成一个可能的状态。这样的不可能状态，是一个混乱的、可能出现任何事情的状态，不一致的句子在其中可能为真。

**定义 4.11** 一个不可能状态模型是一个多元组 $\mathfrak{M} = (W, W^*, R, V)$，其中

- $W$ 是一个非空的集合，包括可能状态和不可能状态，

- $W^* \subset W$ 是不可能状态的集合，

- $R$ 是 $W$ 上的一个二元关系，

- $V$ 是一个赋值函数，使得

    - (1) 对 $W - W^*$ 有，$V: P \times (W - W^*) \to \{0,1\}$，

    - (2) 对 $W^*$ 有，$V: L \times W^* \to \{0,1\}$，其中 $L$ 是所有公式的集合。

在不可能状态上，赋值函数 $V$ 对公式任意赋值，从而不一致的公式有可能在不可能状态中为真。

不可能状态模型上的语义定义如下：

**定义 4.12** 分两种情况定义：

- 如果 $w \in W - W^*$，$\mathfrak{M}, w \models \varphi$ 的定义与标准信念逻辑相同。

- 如果 $w \in W^*$，则 $\mathfrak{M}, w \models \varphi$ 当且仅当 $V(\varphi, w) = 1$。

如果 $w$ 是一个可能状态，$w$ 中公式的真值按通常归纳定义计算。如果 $w$ 是

一个不可能状态, $w$ 中公式的真值直接由赋值给定。

**定义 4.13**  一个公式(在不可能状态语义下)是有效的, 如果该公式在模型中所有的可能状态上都为真。

上面的有效性定义中只需要考虑可能状态, 因为不可能状态在现实中不可能出现的, 它们只是主体因其认知局限性而错误设想出来的。

下面的练习说明了不可能状态模型排除逻辑全知问题的效果。

**练习 4.10**  验证: 在不可能状态语义下, LO1、LO2 和 LO3 都不是有效的。

### 4.8.3  组模型

组模型(cluster model)的目的是消除 LO3。

我们首先对比 LO3 和 D 公理:

**LO3**:  $\neg(B\varphi \wedge B\neg\varphi)$

**D**:  $\neg B(\varphi \wedge \neg\varphi)$

这两个公式看起来十分相像, 乍读起来意义也很相近。它们事实上有着不同的含义。D 公理说, 主体不能相信矛盾的句子; LO3 说, 主体不能分别相信两个相互不一致的句子。

一般认为, D 公理表达的是一个信念应该具有的性质。如果一个矛盾的句子摆在主体面前, 那么理性的主体不会相信它。

LO3 则不同。LO3 与 D 的区别在于 LO3 说的是分别的两个句子, 而不是把这两个不一致的句子放在一起成为一个明显的矛盾。作为认知能力有限的主体, 只要这两个句子不同时明确地出现在他面前, 他有可能在不同情境下分别相信它们。例如, 主体既相信相对论又相信量子力学; 既相信科学又相信超光速; 既相信自己会成就一番大事业, 又相信自己始终能享受舒适闲散的生活。

组模型建基于这样的想法: 人不能同时相信一对矛盾; 但是, 在一个固定的情境下, 人相信适合该情境的句子; 在另一个情境下, 人相信另外一些句子, 即使它们和前者相互矛盾。

**定义 4.14**  一个组模型是一个多元组 $\mathfrak{M} = (W, C, V)$, 其中

- $W$ 是一个非空的状态的集合。

- $V : P \times W \to \{0, 1\}$ 是一个赋值函数。
- $C : W \to \mathcal{P}(\mathcal{P}(W))$ 是一个函数，使得对任意状态 $w$，$C(w)$ 是一个非空的 $W$ 的非空子集的集合。

对任意状态 $w$，$C(w)$ 形如 $\{W_1, \cdots, W_n\}$，其中每个 $W_i$ 都是 $W$ 的一个非空子集。直观上，主体在某一情境下只聚焦于某些可能的状态，如 $W_i$，在这种情景下，主体认为只有 $W_i$ 中的状态是可能的；换种情境，主体可能聚焦于另一些可能的状态，如 $W_j$。所以，$\{W_1, \cdots, W_n\}$ 代表了 $n$ 个可能的情境。

组模型中信念算子的语义定义如下：

**定义 4.15**　$\mathfrak{M}, w \models B\varphi$，当且仅当，存在 $W' \in C(w)$ 使得对任意 $v \in W'$，有 $\mathfrak{M}, v \models \varphi$。

主体相信 $\varphi$，当且仅当，存在一个情景，在此情景下所有主体认为可能的状态上 $\varphi$ 都为真。显然，按照这个语义定义，LO3 不是有效的。

下面的练习说明了组模型排除逻辑全知问题的效果。

**练习 4.11**　验证：在组模型语义下，LO3、LO1 不是有效的；LO2 仍是有效的。

## 4.9　认 知 悖 论

最后，我们介绍一些认知逻辑里的悖论。这些悖论是逻辑学家构建新的认知逻辑的灵感来源。我们在这里并不讨论解决这些悖论的方案，而把它们作为问题留给读者思考。

### 4.9.1　怀疑主义悖论

令 $p$ 是一个主体知道为真的命题。例如：地球围绕太阳旋转。即有：

（1）　$Kp$

令 $SH$ 是一个"怀疑论假设"，例如：我们都是钵中之脑。假设主体知道 $SH$ 与 $p$ 不一致。即有：

（2）　$K(p \to \neg SH)$

由（1）和（2）可推出：

**（3）** $K\neg SH$

但是，主体不知道我们不是钵中之脑。即有：

**（4）** $\neg K\neg SH$。

（3）与（4）矛盾。

### 4.9.2   彩票悖论

假设一百万人博彩，赢家只有一个。令 $i$ 是其中任何一人。显然，因为 $i$ 的赢面太小，你不相信 $i$ 会赢，即有：

**（1）** $B\neg w_i$, $1 \leqslant i \leqslant 1000000$

下面的公式是信念逻辑的有效公式：

**（2）** $(B\varphi \wedge B\psi) \to B(\varphi \wedge \psi)$

由（1）和（2）可得到：

**（3）** $B(\neg w_1 \wedge \cdots \wedge \neg w_{1000000})$

但是，你知道其中一人必然会赢。即有：

**（4）** $B(w_1 \vee \cdots \vee w_{1000000})$

（3）和（4）矛盾。

### 4.9.3   摩尔悖论

摩尔句是形如 $\varphi \wedge \neg K\varphi$ 的公式。当主体断言（assert）一个摩尔句时产生悖论：

- 断言 $\varphi$ 意味着 $K\varphi$，与断言的命题 $\neg K\varphi$ 矛盾。

### 4.9.4   可知悖论

如果对任意 $\varphi$, $\varphi \to K\varphi$ 成立，那么这个主体就是一个全知者。现实中的主体不是全知者，即存在公式 $\varphi$，使得

**（1）** $\varphi \wedge \neg K\varphi$

另外，任意真的句子都是可知的。就是说，即使主体现在不知道它，但它是可能被主体知道的。即对任意 $\psi$，

**（2）** $\psi \to \diamond K\psi$

上面公式对任意 $\psi$ 都成立。令 $\psi = \varphi \wedge \neg K\varphi$。则（2）变为

$\quad$ **（3）** $(\varphi \wedge \neg K\varphi) \rightarrow \Diamond K(\varphi \wedge \neg K\varphi)$

由（1）和（3），使用分离规则得到：

$\quad$ **（4）** $\Diamond K(\varphi \wedge \neg K\varphi)$

下面公式在知识逻辑中是有效的：

$\quad$ **（5）** $K(\varphi \wedge \neg K\varphi) \rightarrow (K\varphi \wedge K\neg K\varphi)$

由（4）和（5）得到：

$\quad$ **（6）** $\Diamond(K\varphi \wedge K\neg K\varphi)$

下面公式是 T 公理的实例：

$\quad$ **（7）** $K\neg K\varphi \rightarrow \neg K\varphi$

由（6）和（7）得到：

$\quad$ **（8）** $\Diamond(K\varphi \wedge \neg K\varphi)$。矛盾。

### 4.9.5 意外考试悖论

老师宣布：下周将举行一场意外的考试，没有人事先知道是哪一天。

这个事情直觉上似乎没有任何问题。但是，一个聪明的学生经过推理，发现这是不可能的。推理如下：

- 如果是周五考试，则周四晚上大家就知道了周五考试，因此它不是个意外。所以，周五不会考试。

以此类推，可得到周四、周三、周二、周一都不会考试。

# 第 5 章  时 态 逻 辑

## 5.1  时态逻辑的句法

图 5.1  普赖尔

时态逻辑是使用时态词讨论"时间"性质的逻辑。时态逻辑的奠基人是新西兰逻辑学家、哲学家普赖尔（Arthur Norman Prior，1914~1969 年）。他是第一个在新西兰出生的逻辑学家，是新西兰的逻辑学之父。普赖尔创立了时态逻辑，发展了内涵逻辑及模态逻辑的可能世界语义学。普赖尔对克里普克影响很大。克里普克对模态逻辑产生兴趣，正是来源于他在中学时读到了普赖尔关于模态词与量词的文章。两年后克里普克写出了他著名的模态逻辑论文，这篇论文在符号逻辑杂志的审稿人正是普赖尔。后来克里普克与普赖尔长期通信交流研究心得（这些信件已出版）。作为学术后辈，克里普克接受了不少普赖尔的研究建议和想法。

基本时态逻辑的符号表包括命题逻辑的符号表，以及附加的时态词。由于时间有向前和向后两个方向，对应地，我们也有表达将来的时态词"$G$"和表达过去的时态词"$H$"。

时态逻辑的公式由以下规则生成：

$$\varphi ::= p \mid \neg\varphi \mid \varphi \vee \varphi \mid G\varphi \mid H\varphi$$

其他命题连接词按通常方式定义得到。

公式 $G\varphi$ 读作"$\varphi$ 在将来总是为真"。公式 $H\varphi$ 读作"$\varphi$ 在过去总是为真"。我们称 $G$ 和 $H$ 为时态词或时态算子。$G$ 和 $H$ 的对偶算子分别定义如下：

$$F\varphi =_{df} \neg G\neg\varphi$$

$$P\varphi =_{df} \neg H \neg \varphi$$

$F\varphi$ 读作 "$\varphi$ 在将来（某一时刻）为真"；$P\varphi$ 读作 "$\varphi$ 在过去（某一时刻）为真"。

除上面引入的时态词外，日常语言里还有其他常用的时态词。如 "直到"（until）和 "自从"（since）。我们可以扩展基本时态逻辑，引入新的时态算子 $U$ 和 $S$：公式 $\varphi U \psi$ 读作 "$\varphi$ 是真的直到 $\psi$ 为真"；公式 $\varphi S \psi$ 读作 "$\varphi$ 是真的自从 $\psi$ 为真"。这种扩展后的时态逻辑具有更强的语言表达力。

我们可以使用更多的时态词进一步扩展逻辑语言，如 "最近"（recently）、"很快"（soon）、"现在"（now）等。

本书主要介绍基本时态逻辑。本章的最后部分涉及少量基本时态逻辑的扩展。

我们可以把与时间有关的句子分为两类：时态表达与时间表达，如例 5.1 和例 5.2 所示。

**例 5.1** 时态表达：

- 太阳<u>终</u>有一天消亡。
- 我拿到博士学位<u>后</u>会找一份教职。
- 我会<u>一直</u>等到你来。
- 我的操作系统<u>永</u>不会死机。

时态表达是使用时态词表达事件或事实之间时间关系的句子。例 5.1 中强调的字词 "<u>终</u>""<u>后</u>""<u>一直</u>""<u>永</u>" 是这些句子中的时态词。这些时态词使得这些句子成为与时间有关的陈述。

**例 5.2** 时间表达：

- 时间是稠密的。
- 时间有一个起点。
- 时间是个轮回。

时间表达则直接使用 "时间" 这个概念，通常用来说明时间的性质。

时态逻辑句法中使用的是时态词，而不包含表达时间或时间点的符号。为什么逻辑学家选择这种做法？我们用一个例子回答这个问题 [例子取自《哲学逻辑手册》（Handbook of Philosophical Logic）第 7 卷第一章]。

**例 5.3**　考虑如下的对话：

——我准备去法国一趟。

——你得有签证才能去法国。

——我还没有签证。

——你得去申请一个。

这个对话构成一个推理。从前三句话里可推出最后一句。我们使用两种方式把这个对话形式化。第一种方式使用我们刚刚定义的时态逻辑。令 $p$ 代表"去法国"，$q$ 代表"有签证"：

（1）　$Fp$："我准备去法国一趟。"

（2）　$G(p \to Pq)$："你得有签证才能去法国。"

（3）　$H\neg q \land \neg q$："我还没有签证。"

（4）　$Fq$："那你得去申请一个。"

第二种方式使用谓词逻辑，直接使用"时间点"概念。令 $t$ 代表"时间点"，$<$ 代表时间的先后关系，$P$ 是一个一元谓词，公式 $Pt$ 读作"在时刻 $t$ 去法国"，$Q$ 也是一个一元谓词，公式 $Qt$ 读作"在时刻 $t$ 有签证"：

（1′）　$\exists t(c < t \land Pt)$："我准备去法国一趟。"

（2′）　$\forall t(c < t \land Pt \to \exists u(u < t \land Qu))$："你得有签证才能去法国。"

（3′）　$\neg \exists t((t < c \lor t = c) \land Qt)$："我还没有签证。"

（4′）　$\exists t(c < t \land Qt)$："那你得去申请一个。"

从这个例子可以看出，使用时态逻辑的表达比直接使用"时间点"的谓词逻辑的表达更为简明和直观。本例中的 4 个句子都很简单。如果考察的是更为复杂的、叠加时态词的句子，使用谓词逻辑的形式化则会变成烦琐、难懂的公式。

与使用谓词逻辑的时间逻辑相比，模态时态逻辑更贴近自然语言，可自然地迭代使用时态词，并且它的计算性质较好（最后这一点本书不深入讨论）。因此，在逻辑学文献中，除非特别说明，时态逻辑指的都是模态的时态逻辑。

## 5.2　时态逻辑的模型和语义

与前面章节中涉及的"可能""必然""相信""知道"这些概念不同,"时间"本身已有一个较为清晰的自然结构。我们可以直接建立时间模型。

时间框架是一个关系结构 $(T, <)$,其中 $T$ 是非空的时间点的集合,$<$ 是 $T$ 上的二元关系,读作"先于"。$s < t$ 的意思是时间点 $s$ 先于(或早于)时间点 $t$。请注意,从数学结构来看,$(T, <)$ 和我们前面使用的关系结构 $(W, R)$ 没有任何区别。它们只是记法不同。在时态逻辑里我们使用 $(T, <)$ 这个记法,只是为了阅读的方便。

时间是个什么样子?大多数人的第一回答大概是,时间是一条线。有些人(佛教徒)也许会说,时间是个封闭的环。或者你认为时间是一个树形结构。显然,我们需要为 $<$ 关系附加一些合适的限制条件。这些限制条件规定了时间应该具有的性质。

时间具有什么样的性质?这是一个容易产生争论的问题。譬如,有人认为时间是稠密的,有人则对此不以为然。争论这样的问题是哲学或者物理学的任务,超出了本书的内容。我们也不打算参与此类争论。为建立时态逻辑,我们首先挑出公认的、没有争议的时间的性质,定义一个基本时间模型。其他有争议的时间性质,可以分别添加到基本模型从而得到各自想要的模型。

**定义 5.1**　一个<u>基本时间模型</u>(时间框架)是一个三元组 $\mathfrak{M} = (T, <, V)$(有序对 $\mathfrak{F} = (T, <)$),其中,

- $T$ 是一个非空的时间点的集合,
- $V : P \times T \to \{0, 1\}$ 是一个赋值函数,
- $<$ 是 $T$ 上反自反的、传递的二元关系。

反自反性和传递性是时间具有的最基本的性质。反自反性意味着,对任意时间点 $t$,$t < t$ 不成立(任意时刻不在它自己之前或之后)。传递性意味着,对任意时间点 $s, t, u$,如果 $s < t$ 并且 $t < u$ 那么 $s < u$(之前的之前,仍是之前;之后的之后,仍是之后)。这两个条件被认为是时间结构必须具有的性质。

一个既是反自反的又是传递的二元关系称为是一个严格偏序关系(见预备知

识）。严格偏序关系直观上是一个有方向的结构。

赋值函数 $V$ 标明了每个时间点的特性：每个原子命题在一个时间为真或者为假。我们真正关心的时间模型 $(T, <, V)$ 的性质，是二元关系 $<$ 的性质，它是时间的本体论特征；我们较少关心某个具体时间点的特征。

时态逻辑中时态词的语义定义如下：

**定义 5.2**  令 $\mathfrak{M} = (T, <, V)$ 是一个（基本）时间模型，$s \in T$ 是一个时间点。则

- $\mathfrak{M}, s \models G\varphi$，当且仅当，对任意 $t$ 使得 $s < t$，有 $\mathfrak{M}, t \models \varphi$。
- $\mathfrak{M}, s \models H\varphi$，当且仅当，对任意 $t$ 使得 $t < s$，有 $\mathfrak{M}, t \models \varphi$。

这个语义定义是对 $G$ 和 $H$ 的直观含义的直接刻画。根据 $G$ 和 $H$ 的语义定义，我们可以计算出时态词 $F$ 和 $P$ 的语义：

**练习 5.1**  验证下面两个命题：

（1）$\mathfrak{M}, s \models F\varphi$，当且仅当，存在 $t$ 使得 $s < t$ 且 $\mathfrak{M}, t \models \varphi$。

（2）$\mathfrak{M}, s \models P\varphi$，当且仅当，存在 $t$ 使得 $t < s$ 且 $\mathfrak{M}, t \models \varphi$。

公式 $\varphi$ 在时间模型中是有效的，如果对任意时间模型 $\mathfrak{M}$，任意时间点 $s$，有 $\mathfrak{M}, s \models \varphi$。

4 公理和 R 公理（反向公理）是基本时态逻辑的公理：

**4：** $Gp \to GGp$；$Hp \to HHp$

**R：** $p \to GPp$；$p \to HFp$

由于我们有将来时态词 $G$ 和过去时态词 $H$，所以这两个公理分别都有两个公式构成。4 公理在前面章节已经介绍过。因为时间模型是传递的，所以 4 公理是有效的。

时间模型中本质上应该有两个二元关系，分别表达"先于关系"和"后于关系"。即我们有 $<$ 关系，也应该有 $>$ 关系。但是，因为"$s$ 先于 $t$"当且仅当"$t$ 后于 $s$"（$s < t$，当且仅当，$t > s$），所以 $<$ 和 $>$ 这两个关系是相互可定义的。我们只需要在模型中指明其中之一即可。

R 公理表达的性质就是"$s < t$，当且仅当，$t > s$"（$<$ 关系恰好与 $>$ 关系反

向）。

**练习 5.2** 验证：R 公理表达了双向反向性，即 $s < t$，当且仅当，$t > s$。

练习 5.2 表明，R 公理在时间模型中是有效的。

## 5.3 时态逻辑的公理系统

从 5.2 节的讨论中我们知道，时间先后关系需要满足的最基本条件有三个：反自反、传递和双向反向（时间向前和向后关系刚好相反）。由定理 3.3 和练习 5.2，传递性和双向反向性可由模态公式表达。我们可以证明，不存在能够表达反自反性的模态公式（具体的证明请参见模态逻辑的教科书）。因此，我们没有对应于反自反性的时态逻辑公理。

因为这些性质是时间结构需要满足的最基本性质，我们称与它们对应的公理系统为最小时态逻辑，记为 $K_t$。（回想我们在第 3 章中引入的最小正规模态逻辑 K）

$K_t$ 由以下公理和规则组成：

**Taut：** 所有命题重言式

**K：** $G(p \to q) \to (Gp \to Gq)$; $H(p \to q) \to (Hp \to Hq)$

**R：** $p \to GPp$; $p \to HFp$

**4：** $Gp \to GGp$; $Hp \to HHp$

**分离规则：** $\varphi, \varphi \to \psi \,/\, \psi$

**代入规则：** $\varphi \,/\, \varphi(p, \psi)$

**概括规则：** $\varphi \,/\, G\varphi$; $\varphi \,/\, H\varphi$

我们可以证明，$K_t$ 系统相对基本事件模型的可靠性和完全性。

**定理 5.1** $K_t$ 对于基本时间模型是可靠的和完全的。即令 $F$ 是反自反、传递且双向反向的框架的类，则

$K_t$ 的可靠性：如果 $\vdash_{K_t} \varphi$，则 $F \models \varphi$。

$K_t$ 的完全性：如果 $F \models \varphi$，则 $\vdash_{K_t} \varphi$。

## 5.4　线性时间时态逻辑

我们对时间的最常见的认识是"时间是一条线"。通过在基本时间模型上附加条件可以得到线性时间模型。

**定义 5.3**　一个<u>线性时间模型</u>是一个三元组 $\mathfrak{M} = (T, <, V)$，其中，

- $T$ 是一个非空的时间点的集合，
- $V : P \times T \to \{0, 1\}$ 是一个赋值函数，
- $<$ 是 $T$ 上线性的（反自反的、传递的、三分的）二元关系。

基本时间模型中已有反自反和传递两个条件。一个反自反、传递和三分的二元关系是一个线性的二元关系（参见本书预备知识）。我们在这里添加的是"三分"这个限制条件。

直观上，一个三分的结构是一条线。但反自反性和传递性则保证这是一条有方向的线。

线性时间模型上的语义定义与定义 5.2 中给出的基本时态逻辑语义定义完全一样。公式有效性按通常方式定义。

L 公理是线性时态逻辑的特征公理：

**L:**　$FPp \to Pp \vee p \vee Fp$；$PFp \to Pp \vee p \vee Fp$

**练习 5.3**　验证：L 公理在线性时间模型中是有效的。

我们可以在线性时间模型上进一步添加更多的限制条件。这些限制条件具有更大的争议性。例如，

- 时间有起点：$\exists x \forall y (x < y \vee y = x)$
- 时间有终点：$\exists x \forall y (y < x \vee x = y)$
- 时间无起点：$\forall x \exists y (y < x)$
- 时间无终点：$\forall x \exists y (x < y)$
- 时间稠密：$\forall x \forall y (x < y \to \exists z (x < z \wedge z < y))$
- 时间离散：$\forall x \exists y (x < y \to \neg \exists z (x < z \wedge z < y)) \wedge \forall x \exists y (y < x \to \neg \exists z (y < z \wedge z < x))$

• 等等。

**定义 5.4** 一个<u>有起点的</u>（或有终点的、无起点的、无终点的、稠密的、离散的）线性时间模型是一个三元组 $\mathfrak{M} = (T, <, V)$，其中，

• $T$ 是一个非空的时间点的集合，

• $V: P \times T \to \{0, 1\}$ 是一个赋值函数，

• $<$ 是 $T$ 上有起点的（或有终点的、无起点的、无终点的、稠密的、离散的）线性的二元关系。

对于这些限制条件，我们分别有时态逻辑公式来表达。这些公式也是相应的时态逻辑的公理：

**S：** $H(p \wedge \neg p) \vee PH(p \wedge \neg p)$

**E：** $G(p \wedge \neg p) \vee FG(p \wedge \neg p)$

**NS：** $Hp \to Pp$

**NE：** $Gp \to Fp$

**Den：** $Fp \to FFp; \ Pp \to PPp$

**Dis：** $p \wedge Hp \to G(p \wedge \neg p) \vee FHp; \ p \wedge Gp \to H(p \wedge \neg p) \vee PGp$

**练习 5.4** 证明：

（1） 公理 S 表达有起点。

（2） 公理 E 表达有终点。

（3） 公理 NS 表达无起点。

（4） 公理 NE 表达无终点。

（5） 公理 Den 表达稠密性。

（6） 公理 Dis 表达离散性。

## 5.5 线性时间时态逻辑的公理系统

在最小时态逻辑 $K_t$ 上加入 $L$ 公理就得到线性时间时态逻辑的公理系统，记为 $L$ 系统。

**定理 5.2**　$L$ 系统对于线性时间模型是可靠的和完全的。即令 $F$ 是线性框架的类，则

$L$ 的可靠性：如果 $\vdash_L \varphi$，则 $F \models \varphi$。

$L$ 的完全性：如果 $F \models \varphi$，则 $\vdash_L \varphi$。

我们可以在 $L$ 系统中进一步加入其他公理，得到满足更多限制条件的模型的公理系统。令 $LS$（$LE$，$LNS$，$LNE$，$LDen$，$LDis$）为向 $L$ 系统中加入公理 S（E，NS，NE，Den，Dis）后得到的公理系统。我们有如下的可靠性和完全性定理。

**定理 5.3**　$LS$（$LE$，$LNS$，$LNE$，$LDen$，$LDis$）系统对于有起点的（有终点的，无起点的，无终点的，稠密的，离散的）线性时间模型是可靠的和完全的。

## 5.6　分支时间时态逻辑

在多数人的观念里，时间是一条线。但有些哲学家和逻辑学家批评时间的线性模型。他们认为，线性时间抹杀了未来的不确定性。如果非决定论是正确的，那么我们面临的是多个、原则上可以是无穷多个可能的将来。但在线性时间模型下，在任意时刻，其可能的将来是唯一的（在同一条线上）。我们需要分支时间（branching time）模型来刻画这种未来的不确定性。

一个二元关系 $R$ 是回溯线性的，如果 $R$ 满足如下条件：

- $\forall x \forall y (\exists z (x < z \wedge y < z) \to (x < y \vee y < x \vee x = y))$。

**定义 5.5**　一个分支时间模型是一个三元组 $\mathfrak{M} = (T, <, V)$，其中，

- $T$ 是一个非空的时间点的集合，
- $V : P \times T \to \{0, 1\}$ 是一个赋值函数，
- $<$ 是 $T$ 上反自反的、传递的、回溯线性的二元关系。

回溯线性的另一个更直白的名字是向后不分叉。直观上，它意味着任何时间点的过去都是一条线：虽然未来可能有不确定性，但是已经发生的过去总是确定的。就是说，在任意时刻，它的过去是一条线。分支时间模型是一个树形结构。

**定义 5.6**　给定分支时间模型 $\mathfrak{M} = (T, <, V)$。$T$ 的任一极大线性子集称为

是一个<u>历史</u>（进程）。即一个历史 $h$ 是满足如下两个条件的 $T$ 的子集：

（1） $< |_h$ 是线性的（把二元关系 $<$ 限制到 $h$ 上后是一个线性关系）；

（2） 对任意 $h'$ 使得 $h \subset h' \subseteq T$，$< |_{h'}$ 不是线性的。

一个历史就是分支时间模型上的一条极大的链，这条链代表着一种可能的历史进程。

分支时间模型中，未来具有不确定性。这使得表达将来的时态词有歧义。在有多个可能将来的情况下，我说："我将完成这项工作"。我的意思可能是"在所有可能的历史进程，我都将完成这项工作"；我也可能想表达"在某个可能的历史进程，我将完成这项工作"；我还可能表达的是"在某个特定的历史进程（通常是现实将发生的历史进程），我将完成这项工作"。

假使我们在分支时间模型下直接使用 5.2 节中的将来时态词的语义定义如下：

- $\mathfrak{M}, s \models F\varphi$，当且仅当，存在 $t$ 使得 $s < t$ 且 $M, t \models \varphi$。

这个语义定义使得将来时态词 $F$ 体现的只是前例中的第二种情况，即"我将完成这项工作"，意味着"在某个可能的历史进程，我将完成这项工作"。这种处理方式使得时态逻辑的表达力太弱。在实践中，逻辑学家使用其他方式处理这个问题。

现在广泛使用的分支时间时态逻辑，是奥卡姆主义者（Ockhamist）的分支时间时态逻辑。按这种逻辑的观点，撇开具体的历史进程谈论将来时态是没有意义的。因此，"我将完成这项工作"，这句话本身是没有意义的，因为它没有指明具体的历史进程。

形式上，这意味着"$\mathfrak{M}, s \models F\varphi$"这样的表达是没意义的。诸如"$\mathfrak{M}, h, s \models F\varphi$"这样的表达才有意义。后者是说，在模型 $\mathfrak{M}$ 中的历史进程 $h$ 的时刻 $s$，公式 $F\varphi$ 为真。这句话指明了具体的历史进程，所以将来时态公式 $F\varphi$ 可以得到一个确定的真值。

分支时间时态逻辑中，将来时态词的语义定义如下：

**定义 5.7** $\mathfrak{M}, h, s \models G\varphi$，当且仅当，对任意 $t$ 使得 $t \in h$ 且 $s < t$，有 $M, t \models \varphi$。

$\mathfrak{M}, h, s \models F\varphi$，当且仅当，存在 $t$ 使得 $t \in h$，$s < t$ 且 $M, t \models \varphi$。

这个语义定义与 5.2 节中的定义相比，只是在定义的前后都指明了一个具体的历史进程。

在具体的历史进程中才能谈论公式的真假，这种做法一方面消除了公式的歧义，另一方面却也削弱了时态语言的表达力。它使得，当我们验证 $\mathfrak{M}, h, s \models \varphi$ 是否成立时，整个过程只与历史 $h$ 相关，与任何其他历史进程都无关。因此，用这种方式使用时态逻辑语言只能谈论当前历史进程是怎样的，不能谈论其他历史进程的性质。因为单个的历史进程是一个线性结构，这事实上使得分支时间时态逻辑退回到了线性时间时态逻辑。

为解决这个问题，逻辑学家引入一个新的模态词"□"，称之为历史必然算子。这个 □ 和真势模态逻辑中的 □ 是两个不同的模态词（它们只是偶然被标记为同一个记号）。历史必然算子 □ 读作"在所有历史进程中"，公式 $\square\varphi$ 的意思是"在所有历史进程中，$\varphi$ 都为真"。

分支时间时态逻辑的公式由以下规则生成：

$$\varphi ::= p \mid \neg\varphi \mid \varphi \vee \varphi \mid G\varphi \mid H\varphi \mid \square\varphi$$

分支时间时态逻辑的语义定义如下：

**定义 5.8**  令 $\mathfrak{M} = (T, <, V)$ 是一个分支时间模型，$s \in T$ 是一个时间点。则

- $\mathfrak{M}, h, s \models p$，当且仅当，$V(p, w) = 1$，其中 $p$ 是一个命题变元。

- $\mathfrak{M}, h, s \models \neg\varphi$，当且仅当，$\mathfrak{M}, h, s \not\models \varphi$。

- $\mathfrak{M}, h, s \models \varphi \vee \psi$，当且仅当，$\mathfrak{M}, h, s \models \varphi$ 或者 $\mathfrak{M}, h, s \models \psi$。

- $\mathfrak{M}, h, s \models G\varphi$，当且仅当，对任意 $t$ 使得 $t \in h$ 且 $s < t$，有 $\mathfrak{M}, h, t \models \varphi$。

- $\mathfrak{M}, h, s \models H\varphi$，当且仅当，对任意 $t$ 使得 $t \in h$ 且 $t < s$，有 $\mathfrak{M}, h, t \models \varphi$。

- $\mathfrak{M}, h, s \models \square\varphi$，当且仅当，对任意 $h'$ 使得 $s \in h'$，有 $\mathfrak{M}, h', s \models \varphi$。

历史必然算子 □ 的对偶算子称为历史可能算子，记为 $\diamond$。其定义是：$\diamond\varphi =_{df} \neg\square\neg\varphi$。公式 $\diamond\varphi$ 的意思是"在某些历史进程中，$\varphi$ 为真"。它的语义定义可以根据 □ 的语义定义计算得到：

- $\mathfrak{M}, h, s \models \diamond\varphi$，当且仅当，存在 $h'$ 使得 $s \in h'$ 且 $\mathfrak{M}, h', s \models \varphi$。

与线性时态逻辑一样，我们可以在分支时间模型上附加其他限制条件，如我们已经介绍的有始有终、无始无终、稠密、离散等，从而得到相应的分支时间时态逻辑。

已经有人证明，分支时间时态逻辑可有穷公理化，即可以找到一个只有有穷多个公理的公理系统，使得该系统对于分支时间模型是可靠的和完全的。但是，迄今为止，其具体的公理化问题仍是一个数学上的开问题。

## 5.7 其他类型的时态逻辑

本节列举一些其他类型的时态逻辑，但不对它们做详细介绍。

### 5.7.1 更多模型限制条件

按照不同的观念或者不同的应用问题，我们可以为时间模型附加更多的、更复杂的限制条件，如完全的、良基的等。特别地，在计算机科学等应用领域，考虑的通常是有限的、离散的结构。在这些应用中，我们经常把自然数数轴作为时间的结构。在较少的情形下，有时也使用实数数轴构建时间模型。

### 5.7.2 其他时态词

我们的时态逻辑语言中包括表达将来的时态词 $G$（将来总是为真，It will always be the case that）和 $F$（将为真，It will be the case that），以及表达过去的时态词 $H$（过去总是为真，It has always been the case that）和 $P$（将为真，It has been the case that）。我们可以扩充时态逻辑的语言。通过加入更多的时态词，增加语言的表达力。例如，可加入表达直到、自从、最近、很快、现在等时态词的算子。

在这些时态词中，"直到"和"自从"是两个被重点关注的时态词。我们引入一个二元时态词 $U$。公式 $U(\varphi, \psi)$ 读作"直到 $\psi$ 为真，$\varphi$ 都为真"。它的含义是将来某个时刻 $\psi$ 为真，并且从现在到将来那个时刻之间的所有时刻，$\varphi$ 都为真。它的语义定义如下：

- $\mathfrak{M}, s \models U(\varphi, \psi)$，当且仅当，存在 $t$ 使得 $s < t$ 且 $\mathfrak{M}, t \models \psi$，并且对任意 $u$ 使得 $s < u < t$ 有 $\mathfrak{M}, u \models \varphi$。

与 $U$ 反向对偶的是二元时态词 $S$。公式 $S(\varphi, \psi)$ 读作"自从 $\psi$ 为真，$\varphi$ 都为真"。它的含义是过去某个时刻 $\psi$ 为真，并且从过去那个时刻直到现在，$\varphi$ 都为真。它的语义定义如下：

- $\mathfrak{M}, s \models S(\varphi, \psi)$，当且仅当，存在 $t$ 使得 $t < s$ 且 $\mathfrak{M}, t \models \psi$，并且对任意 $u$ 使得 $t < u < s$ 有 $\mathfrak{M}, u \models \varphi$。

命题逻辑有所谓涵项完全性的概念。一个命题连接词的集合是涵项完全的，如果任何其他命题连接词都可以在其中被定义出来。我们可以在时态逻辑中讨论类似的性质。我们可以找到一个时态词的集合，使得所有其他时态词都可以从中定义出来。这样的时态词的集合通常包括"直到"和"自从"这两个时态词。

### 5.7.3　时间段时态逻辑

时态逻辑的模型中的每个点代表着一个时间点，其模型是时间点的模型。这种时态逻辑我们也称之为时间点时态逻辑。

有些学者认为，时间点是一个无穷小的点，它是一个理论抽象的概念，没有现实性。关于时间的真正有现实意义、具有基础性的概念是时间段。但时间点可以看作一种特殊的时间段，这种时间段的起点和终点重合。

有些学者以时间段为初始概念构造时间模型，对时间段时态逻辑也有一些应用研究。这些模型的域是一个时间段的集合，在这些集合上定义一些二元关系（通常不止一个），如时间段间的覆盖、交叉、先后等关系，最后把时态词的语义定义在时间段模型上。

### 5.7.4　时空和分支时空

不管是在哲学还是在物理学中，时间和空间这两个概念经常被放在一起讨论。自然地，逻辑学家也尝试建立时空逻辑，统一讨论时间和空间的性质。闵可夫斯基时空（Minkowski space-times）是狭义相对论最常见的数学模型。逻辑学家以闵可夫斯基时空为基础建立逻辑模型，并使用逻辑语言讨论该时空模型的性质。

分支时空（branching space-times）是较为晚近提出的时空结构模型，已有大量的物理学和哲学研究探讨分支时空模型的性质，但对分支时空的逻辑学研究则刚刚开始。

## 5.8　时态逻辑应用例

过河问题是常见的趣题。下面是一种简单形式的过河问题。

**例 5.4** 农夫、狼、羊和白菜都在河的左岸。船的容量有限，农夫一次只能带一样事物（狼、羊或者白菜）过河。农夫也可以单独过河。除非农夫在场，狼和羊不能待在河的同一侧（避免吃和被吃）。同理，除非农夫在场，羊和白菜不能待在河的同一侧。问：农夫如何才能安全地把狼、羊和白菜都运到河的右岸？

我们不需要借助逻辑工具也可以很快找到问题的答案：第一步，把羊运到右岸；第二步，自己回到左岸；第三步，把狼运到右岸；第四步，把羊运回左岸；第五步，把白菜运到右岸；第六步，自己回到左岸；第七步，把羊运到右岸。这是一个典型的玩具例子（toy example），我们用它来展示可以用来解决复杂问题的方法。

现在，我们把这个问题形式化为分支时态逻辑的问题。在这个逻辑里有 4 个原子命题：

- Man：农夫在左岸
- Wolf：狼在左岸
- Sheep：羊在左岸
- Cabbage：白菜在左岸

公式 ¬Man 意思是农夫在右岸，其他同理。因为有 4 个原子命题，我们将有 $2^4 = 16$ 中可能的状态。例如，

- {Man, ¬Wolf, sheep, Cabbage} 是一个状态。

农夫的行动会导致状态的改变。我们构造一个模型 $\mathfrak{M} = (W, R, V)$，其中 $W$ 是这 16 个状态的集合。$Rwv$ 意味着，当处在 $w$ 状态时，$v$ 是可能的下一个状态。赋值函数 $V$ 有直接的定义。

我们需要说明二元关系 $R$ 上的限制条件。令 $w = \{C_1\text{Man}, C_2\text{Wolf}, C_3\text{Sheep}, C_4\text{Cabbage}\}$，其中 $C_1, C_2, C_3, C_4$ 为 ¬ 或者为空。则

- $Rwv$，当且仅当，$v = \{C_1'\text{Man}, C_2'\text{Wolf}, C_3'\text{Sheep}, C_4'\text{Cabbage}\}$，其中，
  - （1）$C_1' \neq C_1$；
  - （2）$C_2' \neq C_2$，$C_3' \neq C_3$，$C_4' \neq C_4$ 都不成立，或者其中之一且仅其中之一成立。

$(W, R, V)$ 是一个一般的可能世界模型，还不是一个分支时间模型。但是，我们可以从初始状态出发，把它展开成一个树形模型：

- 初始状态是树的根

- $v$ 是 $w$ 树上的子节点，当且仅当，$Rwv$ 成立。

我们把这个树形结构转化为一个分支时间模型。令它的根为 $t$。

令公式 $\varphi$ 是如下公式：

- $\neg(\text{Man} \wedge \neg\text{Wolf} \wedge \neg\text{Sheep}) \wedge$

    $\neg(\text{Man} \wedge \neg\text{Cabbage} \wedge \neg\text{Sheep}) \wedge$

    $\neg(\neg\text{Man} \wedge \text{Wolf} \wedge \text{Sheep}) \wedge$

    $\neg(\neg\text{Man} \wedge \text{Cabbage} \wedge \text{Sheep})$

显然，公式 $\varphi$ 描述的是我们希望避免的状态。即有对象被吃掉的状态。

我们只需验证下式是否成立：

- $t \models \Diamond(F(\neg\text{Man} \wedge \neg\text{Wolf} \wedge \neg\text{Sheep} \wedge \neg\text{Cabbage}) \wedge H\varphi)$

上面的例子是时态逻辑模型检测（简化版）的一个实例。

# 第 6 章　时态逻辑与认知逻辑的应用

哲学逻辑如一般理论学科，最初产生于理论家的个人兴趣和天才性的创造，然而哲学逻辑不是一个孤立的学科。它的特性决定了它与很多其他学科有着天然的联系。哲学逻辑已经广泛应用于计算机科学、人工智能、语言学、经济学、法学等领域。

本书的主旨在于通过介绍主要的多种哲学逻辑，让学生理解哲学逻辑的基本研究方法和技术，并能初步灵活应用这些方法和技术。介绍哲学逻辑的实际应用虽然不是本书的主要目的。但是，了解一些应用的实例，对学生掌握哲学逻辑的方法和技术将有所裨益。

哲学逻辑，用一句话概括，即是使用现代符号逻辑的形式化方法为诸多概念、观念、理论建立对应的逻辑理论。在前面的章节中，我们介绍了为可能和必然概念建立的真势模态逻辑、为相信和知道概念建立的认知逻辑、为时态和时间概念建立的时态逻辑。哲学逻辑在应用领域的使用，很大程度上遵循着相似的进路。不同之处在于，在具体的应用领域，我们要做的，是使用现代符号逻辑的形式化方法建立逻辑理论，这些逻辑理论是用于解决该领域提出的具体问题。

哲学逻辑有着广泛的应用。我们在本章中介绍其中两种，即计算树逻辑（computational tree logic，CTL）和 BDI（belief，desire，intention）逻辑。

## 6.1　模型检测中的计算树逻辑

我们介绍的第一个应用例是模型检测中使用的计算树逻辑，这是一种时态逻辑。

模型检测是一种计算机科学的技术。模型检测提供自动验证的工具，用于检查计算系统（软件系统或者硬件系统）的性质，验证计算系统是否符合设计规格，是否能正确无误地运行。模型检测通常指的是时态逻辑模型检测。

计算系统，尤其是软件系统，很难避免设计错误和其他问题。操作系统和应用软件中的 bug 似乎永远无法清除。作为用户，我们都很熟悉操作系统和应用软件需要定期升级，以解决最新发现的问题。显然，验证计算系统的完好性是计算机科学中的重要问题。

模拟是传统的验证方法。它是在受控或不受控的条件下，在各种输入参数情况下，反复运行计算系统，以期发现它可能存在的问题。软件系统经常发布 beta 版，即测试版，作用就是通过用户进行模拟测试。显然，模拟测试是一种非自动的、不完全的测试手段。与之对比，模型检测则是一种自动的、完全的测试计算系统的技术。

模型检测在 20 世纪 80 年代初由 Clarke、Emerson 和 Sistla，以及 Queille 和 Sifakis 分别独立提出。计算机科学领域的国际最高奖项是图灵奖。迄今为止，模型检测的学者已经两次获得图灵奖，分别是 LTL 的提出者 Pnueli 在 1996 年获得图灵奖，CTL 的提出者 Clarke、Emerson 和 Sifakis 在 2007 年获得图灵奖。

模型检测已经被广泛应用于工商业实践中。现代的模型检测工具已经可以检验大型计算系统（包含超过 1000 个命题变元的计算系统）。实践中已有很多种模型检测工具，它们分别基于不同的时态逻辑和技术。有些模型检测工具是可以免费使用的非商业软件，包括最早的 EMC 和 Caesar，第一个成功的 SMC，以及 Spin、Verus、Kronos、HyTech、Murphi，等等。人们使用这些模型检测工具发现了大量现有计算系统中的问题，如 Clarke 等使用 SMV 发现 IEEE Futurebus 标准（控制计算机各部件间数据传输）中的一系列错误，Dill 等使用 Murphi 发现 IEEE Scalable Coherent Interface 标准（多处理器共享内存）中的一系列错误，贝尔实验室使用 FormalCheck Verifier 发现 High-level Data Link Controller 中的致命错误，AT&T 使用内部模型检测工具发现 ISDN、SDL 代码中的 112 个错误，等等。

模型检测的过程一般由三个步骤完成。假使我们要检测一个计算系统永不死机。如下三个步骤可以完成这个任务：

(1)  首先建立这个计算系统的可能世界模型 $\mathfrak{M}$（参见 3.1 节中的状态转换系统）。

（2）　然后把计算系统待检测的性质（永不死机）形式化为时态逻辑公式
（CTL，LTL 等）$\varphi$。

（3）　最后验证 $\varphi$ 在模型 $\mathfrak{M}$ 中的状态 $s$ 是否为真，即 $\mathfrak{M}, s \models \varphi$。

假使 $s$ 是系统的初始状态。则 $\mathfrak{M}, s \models \varphi$ 就说明该计算系统具有永不死机的性质。以这种方式，我们把验证计算系统性质的任务转换为逻辑证明问题。

**定义 6.1**　一个状态转换系统是一个三元组 $\mathfrak{M} = (S, R, V)$，其中，

- $S$ 是一个有穷非空的状态集合。

- $R$ 是 $S$ 上一个序列的（$\forall x \exists y Rxy$）二元关系。

- $V : P \times W \to \{0, 1\}$ 是一个赋值函数，其中 $P$ 是所有系统命题符号的集合。

显然，状态转换系统是标准的可能世界模型。从状态转换系统中的任何状态出发，可以把它展开成一棵（计算）树。这样的树模型就是一个分支时间模型。

**定义 6.2**　令 $\mathfrak{M} = (S, R, V)$ 是一个状态转换系统。

（1）　$\mathfrak{M}$ 中一条（计算）路径是一个可数无穷的状态序列 $\lambda = s_0 s_1 \cdots$ 使得对任意 $i \geqslant 0$ 有 $R s_i s_{i+1}$ 成立。

（2）　$\lambda_i$ 是路径 $\lambda$ 中的第 $i$ 个状态。

（3）　$\lambda_{i,j} = \lambda_i \cdots \lambda_j$ 是路径 $\lambda$ 中第 $i$ 个状态到第 $j$ 个状态的链（$i \leqslant j$）。

（4）　$\lambda_{i,\infty} = \lambda_i \cdots \cdots$ 是路径 $\lambda$ 中从第 $i$ 个状态开始的后段。

CTL 是计算树逻辑的简称。CTL 是模型检测领域提出的第一个逻辑，也是其中最简单的一个。下面主要介绍这个逻辑。

CTL 的合式公式由以下形成规则定义：

$$\varphi ::= p \mid \neg\varphi \mid \varphi \vee \varphi \mid EX\varphi \mid EG\varphi \mid E(\varphi U \varphi)$$

其中，$E$ 是路径量词，读作"存在一条路径"。$X, G, U$ 是时态词。$G$ 读作"将来总是"，$U$ 读作"直到"，$X$ 读作"下一个状态"。$X$ 只能解释在离散的模型中，所以在一般的时态逻辑中没有这个时态词。计算系统的模型总是有穷模型，时态词 $X$ 在有穷模型中可以有意义地解释。

CTL 中公式的直观含义分别如下：

$EX\varphi$　　　存在一条路径，使得 $\varphi$ 在该路径的下一个状态为真。

$EG\varphi$　　　存在一条路径，使得 $\varphi$ 在该路径将来所有的状态为真。

$E(\varphi U\psi)$　　存在一条路径，使得 $\varphi$ 在该路径将来的状态为真，直到 $\psi$ 为真的状态。

CTL 的语义定义如下：

**定义 6.3**　令 $\mathfrak{M}=(S,R,V)$ 是一个状态转换系统。命题连接词的语义定义与命题逻辑相同。

- $\mathfrak{M},s\models EX\varphi$，当且仅当，存在一条路径 $\lambda$ 使得，$\lambda_0=s$ 且 $\mathfrak{M},\lambda_1\models\varphi$。

- $\mathfrak{M},s\models EG\varphi$，当且仅当，存在一条路径 $\lambda$ 使得，$\lambda_0=s$ 且对任意 $i\in\omega$ 有 $\mathfrak{M},\lambda_i\models\varphi$。

- $\mathfrak{M},s\models E(\varphi U\psi)$，当且仅当，存在一条路径 $\lambda$ 使得，$\lambda_0=s$，且存在 $j\in\omega$ 使得 $\mathfrak{M},\lambda_j\models\psi$，且对任意 $0\leqslant i<j$ 有 $\mathfrak{M},\lambda_i\models\varphi$。

路径量词 $A$ 读作"任意路径"，时态词 $F$ 读作"将来"。使用两个路径量词 $E$ 和 $A$，四个时态词 $X$、$G$、$U$ 和 $F$，一共可以构成八个算子，即

- $AX,EX$
- $AG,EG$
- $AF,EF$
- $AU,EU$

CTL 使用 $EX$、$EG$ 和 $EU$ 作为初始符号，其他五个算子可以由它们定义出来：

- $AX\varphi=_{df}\neg EX\neg\varphi$
- $AF\varphi=_{df}\neg EG\neg\varphi$
- $EF\varphi=_{df}E(True\ U\ \varphi)$
- $AG\varphi=_{df}\neg EF\neg\varphi$
- $A(\varphi U\psi)=_{df}\neg E(\neg\psi U(\neg\varphi\wedge\neg\psi))\wedge\neg EG\neg\psi$

**练习 6.1**　写出 $AX$、$AF$、$EF$、$AG$ 和 $AU$ 的语义定义，并验证它们确实可以由三个初始算子定义出来。

显然，CTL 继承自哲学逻辑中的分支时间时态逻辑（见 5.6 节），是一种特殊的分支时间时态逻辑。与一般的分支时间时态逻辑相比，CTL 有以下不同之处。

首先，CTL 的模型是有穷模型，并且句法中有 $X$ 时态词。其次，CTL 只有将来时态词，而没有过去时态词 $H$ 和 $P$。这是由于我们只关心计算系统将会如何运行，而不关心它的运行历史如何。最后，CTL 中路径量词和时态算子一定搭配出现。如 $Ep$ 和 $Xp$ 都不是合式公式，$EX\varphi$ 才是合式公式。因此，CTL 是一种表达力更弱的逻辑。但是，它的表达力已经足够我们形式化一些计算系统的重要的性质。例如：

- 可能达到一个状态，在该状态系统还未准备就绪但已启动：

  $EF(Started \wedge \neg Ready)$

- 一个请求发出后，最后总会得到确认（liveness）：

  $AG(Req \rightarrow AF\ Ack)$

- 在任何计算路径上，设备激活出现无穷多次：

  $AG(AF\ DeviceEnabled)$

- 从任何状态出发，总可能达到重启状态：

  $AG(EF\ Restart)$

- 在任意计算路径上，$p$ 为真之后 $q$ 总是为假：

  $AG(p \rightarrow AG(\neg q))$

验证这些公式在状态转换系统中的真假，即可验证特定的计算系统是否具有这些性质。

从模型检测这个例子可以看出，哲学逻辑提供的形式化方法，不仅具有基础性的、重要的理论意义，而且具有现实的应用价值。

本节的最后，我们列出两段伪代码书写的算法，用于计算 CTL 公式在哪些状态为真。在算法中，给定状态 $s$，$label(s)$ 是由在 $s$ 为真的公式组成的集合，即 $f \in label(s)$ 意味着公式 $f$ 在状态 $s$ 为真。

算法 6.1 的输入为 $EG(f_1)$，它输出所有令 $EG(f_1)$ 为真的状态。算法 6.2 的输入为 $EU(f_1, f_2)$，它输出所有令 $EU(f_1, f_2)$ 为真的状态。其中，$label(s)$ 是收集在状态 $s$ 为真的公式。一个模型域的子集 $C$ 是一个强连通模块（strongly connected component，SCC），如果它是满足如下条件的极大子集：$C$ 中任意两点之间都可通达，且通达的路径在 $C$ 之内。一个 SCC 是非平凡的（nontrivial）的，如果它包含超过一个点，或者只包含一个自反点。

---

**算法 6.1　计算 *EG***

---

**procedure** Check$EG(\varphi)$

$\quad\quad S' := \{s \mid \varphi \in label(s)\};$

$\quad\quad SCC := \{C \mid C \text{ is a nontrivial } SCC \text{ of } S'\};$

$\quad\quad T := \bigcup_{C \in SCC}\{s \mid s \in C\};$

$\quad\quad$**for all** $s \in T$ **do** $label(s) := label(s) \cup \{EG\varphi\};$

$\quad\quad$**while** $T \neq \varnothing$ **do**

$\quad\quad\quad\quad$**choose** $s \in T;$

$\quad\quad\quad\quad T := T\backslash\{s\};$

$\quad\quad\quad\quad$**for all** $t$ **such that** $t \in S'$ **and** $Rts$ **do**

$\quad\quad\quad\quad\quad\quad$**if** $EG\varphi \notin label(t)$ **then**

$\quad\quad\quad\quad\quad\quad\quad\quad label(t) := label(t) \cup \{EG\varphi\};$

$\quad\quad\quad\quad\quad\quad\quad\quad T := T \cup \{t\};$

$\quad\quad\quad\quad\quad\quad$**end if;**

$\quad\quad\quad\quad$**end for all;**

$\quad\quad$**end while;**

**end procedure**

---

**算法 6.2　计算 *EU***

---

**procedure** Check$EU(\varphi, \psi)$

$\quad\quad T := \{s \mid \psi \in label(s)\};$

$\quad\quad$**for all** $s \in T$ **do** $label(s) := label(s) \cup \{E(\varphi U\varphi)\};$

$\quad\quad$**while** $T \neq \varnothing$ **do**

$\quad\quad\quad\quad$**choose** $s \in T;$

$\quad\quad\quad\quad T := T\backslash\{s\};$

$\quad\quad\quad\quad$**for all** $t$ **such that** $Rts$ **do**

$\quad\quad\quad\quad\quad\quad$**if** $E(\varphi U\varphi) \notin label(t)$ **and** $\varphi \in label(t)$ **then**

$$label(t) := label(l) \cup \{E(\varphi U \varphi)\};$$
$$T := T \cup \{t\};$$

    **end if**;

   **end for all**;

  **end while**;

**end procedure**

## 6.2 智能体和多智能体系统中的 BDI 逻辑

在人工智能中，一个智能体（agent）是一个自动机，它可以根据所处环境的变化及自身内部状态的变化来自行决定如何行动，从而达到一定的目标。一个多智能体系统（multi-agent system）是一个由多个相互交互的智能体组成的计算系统。

BDI 是信念（belief）、愿望（desire）和意图（intention）的简称。BDI 模型是最成功的智能体模型之一。BDI 模型是哲学、逻辑学、软件工程多学科交叉研究取得的典范成果。BDI 逻辑是一种结合时态逻辑和信念逻辑（愿望、意图逻辑）的逻辑系统。

BDI 模型来源于美国哲学家布拉特曼（M. E. Bratman）对意图、行动和实践推理的分析。布拉特曼认为，通常逻辑学研究的是"理论推理"（theoretical reasoning）的理论，面向的是知识或信念。其推理是在当前知识或信念系统中的推理，推理的结果是得到导出的知识或信念。即通常逻辑学研究的是 $\Gamma \models \varphi$ 的性质，这是从信念集（公式集）$\Gamma$ 到信念（公式）$\varphi$ 的推理。布拉特曼提出，逻辑学也应该研究从信念到行动的推理，他称之为"实践推理"（practical reasoning）。实践推理研究的是 $\Gamma \models \pi$，$\Gamma$ 是智能体当前的知识或信念，$\pi$ 是智能体的一个行动序列，代表智能体依据其当前的知识或信念而得到的合理的行动策略。因此，实践推理面向行动，其推理的结果是智能体的行动。

布拉特曼澄清了愿望和意图的概念。这些哲学讨论不是本书的重点，我们简要介绍如下。

关于愿望：

- 人可能有相互不一致的多个愿望。

  例如，我既想打球，又想睡觉。两者虽然是不一致的（两者不可能都实现），但它们都是我的愿望。

- 人的愿望没有执行力。

  例如，我想在月亮上喝茶，但我不会尝试采取实际行动实现该愿望。愿望具有一定的非理性特征。有的愿望仅仅停留在人的头脑中，不会造成实际行动的执行。

- 愿望是潜在的意图。

  例如，我既想打球，又想睡觉。两者都是我的愿望。我的意图将从这两个愿望中择出。

关于意图：

- 意图是人的目标。目标和意图是可以相互替换的概念。

- 人的意图有执行力。

  人形成一个意图之后，将会尝试执行相应的行动以实现该意图。

- 人的意图总是一致的。

  例如，我可以既想打球，又想睡觉。但这两者不可能都是我的意图。

- 人的意图具有持续性。在人的认知状态保持不变时，他将重复尝试实现其意图，而不是轻易放弃意图。

- 人相信其意图是可能实现的。

  例如，在月亮上喝茶不是我的意图，因为我相信这是不可能的。

- 不可避免之事不是意图，特别地，重言式不能是意图。

- 意图在逻辑后承下不封闭，意图的副作用（side effects）不一定是意图。

  例如，看牙医是我的意图；看牙医带来疼痛；但疼痛不是我的意图。

布拉特曼的实践推理由两个步骤组成：

(1) 深思（deliberation）：人依据当前外部环境状态及他自身内部的信念、愿望和意图状态，通过内部推理，得出他的新意图。深思的结果是生成意图。

(2) 规划（planning）：规划是人决定他的行动策略的过程。当意图确定后，
人通过规划确定一个有穷的行动序列，以通过执行该行动序列来实现
他的意图。规划有时也被称为方法–目标推理（means-ends reasoning）。

布拉特曼的实践推理理论，提出了一个抽象的、人的行动模型。在这种理论下，人
就是一个与环境交互的，通过其信念、愿望和意图状态来确定行动策略的对象。

人工智能的学者从布拉特曼的理论出发，构建了基于 BDI 的智能体模型。它
一般的软件结构见图 6.1。智能体具有初始信念和意图（第 2 ~ 3 行），按照如下
方式推理和行动：

```
Agent Control Loop Version 7
1.
2.    B := B₀;
3.    I := I₀;
4.    while true do
5.        get next percept ρ;
6.        B := brf(B, ρ);
7.        D := options(B, I);
8.        I := filter(B, D, I);
9.        π := plan(B, I);
10.       while not  (empty(π)
                     or succeeded(I, B)
                     or impossible(I, B)) do
11.           α := hd(π);
12.           execute(α);
13.           π := tail(π);
14.           get next percept ρ;
15.           B := brf(B, ρ);
16.           if reconsider(I, B) then
17.               D := options(B, I);
18.               I := filter(B, D, I);
19.           end-if
20.           if not sound(π, I, B) then
21.               π := plan(B, I)
22.           end-if
23.       end-while
24. end-while
```

图 6.1    BDI 软件结构

(1) 智能体观察环境，从环境中得到新信息（第 5 行）。人工智能中的机器
人学、机器视觉研究此类问题。

(2) 智能体使用新信息更新它的信念状态（第 6 行）。研究这个问题的领域
是信念修正。

(3) 智能体由意图和信念状态生成愿望（第 7 行）——效用理论、决策论
的研究对象。愿望的生成有时有非理性的特征。

（4）　智能体由信念、愿望和意图的状态生成意图（第 8 行）。使用 BDI 逻辑推理。

（5）　智能体形成规划，以实现其意图（第 9 行）。规划是人工智能传统的核心研究领域之一。

（6）　智能体执行规划（第 10 ~ 23 行）。执行规划中的各种细节考虑这里不再赘述。

研究者已经开发了一些基于 BDI 智能体模型的软件开发平台，供使用者开发多智能体系统。这些开发平台通常都供公众免费试用，包括 PRS、IRMA、Jason、dMARS、AgentSpeak、JAM、JADEX 等。

最后我们介绍本节的重点，即 BDI 逻辑。完整的 BDI 逻辑的定义相当繁杂，我们这里仅给出一个精简版本。与完整的定义相比，我们做了如下简化：

（1）完整的 BDI 逻辑中的时态逻辑部分使用的是 CTL*，精简版本使用更简单的 CTL。

（2）完整的 BDI 逻辑的语言中有关于行动的表达，精简版本中没有关于行动的表达。

（3）精简版本中删去了愿望算子和意图算子。

莱布尼茨的理想是哲学逻辑的终极目标。莱布尼茨希望设计出一套通用科学语言。当遇到争论时，只需要把争论的内容用通用科学语言写下来，然后通过严格的推理和计算来确定孰是孰非。哲学逻辑可以看作朝向这个理想所做的努力。目前来看，哲学逻辑是通用科学语言的唯一候选。然而，哲学逻辑的现状，距离成为合用的通用科学语言仍遥遥无期。

哲学逻辑并不是一个逻辑，它包括很多相互差异很大的逻辑。人的理性和智能是一个复杂的系统，包含各种概念、观念、推理模式、表达形式等。哲学逻辑隔离开理性和智能的各个方面，单独为每个方面建立独立的逻辑。本书前面的章节中，我们介绍了为必然和可能概念建立的真势模态逻辑、为知识和信念概念建立的认知逻辑，以及为时间概念和时态推理建立的时态逻辑。每个逻辑只处理一个对象。然而，哲学逻辑要想真正成为通用科学语言，需要的是一个统一的逻辑，即使用这唯一的逻辑可形式化所有问题。

最自然的想法是把现有的各个逻辑结合到一个逻辑里面。然而，把两个逻辑有机地结合在一起讨论，并不像它表面上看起来那么容易。这经常需要引入新的方法，也经常产生一些困难。我们下面介绍的精简后的 BDI 逻辑，由分支时间时态逻辑 CTL 和信念逻辑 KD45 结合组成。通过 BDI 逻辑这个实例，我们学习把两个逻辑合二为一的办法及可能遇到的困难之处。

精简的 BDI 逻辑的句法定义如下：

$$\varphi ::= p \mid \neg\varphi \mid \varphi \vee \varphi \mid EX\varphi \mid EG\varphi \mid E(\varphi U\varphi) \mid B\varphi$$

公式的含义见 CTL 和信念逻辑，不再赘述。

我们是否可以直接把 CTL 的模型与信念模型放在一起，作为 BDI 逻辑的模型？即按如下方式定义模型：

一个模型是一个多元组 $\mathfrak{M} = (W, R_B, T, <, V)$，其中

（1）$W$ 是一个非空的状态的集合；

（2）$R_B$ 是 $W$ 上的传递、欧氏和序列的二元关系；

（3）$T$ 是一个非空的、有穷的时间点的集合；

（4）$<$ 是 $T$ 上的回溯线性的严格偏序；

（5）$V$ 是一个赋值函数。

答案是否定的。这不是一个合适的模型的定义。首先，一个逻辑必须有统一的语义定义。我们不能分别把信念公式定义在状态上，把时态公式定义在时间点上。例如，

（1）$\mathfrak{M}, w \models B\varphi$ （$w \in W$），当且仅当，对任意 $v \in W$，如果 $R_B wv$ 则 $\mathfrak{M}, v \models \varphi$；

（2）$\mathfrak{M}, s \models EX\varphi$ （$s \in T$），当且仅当，存在一条路径 $\lambda$ 使得，$\lambda_0 = s$ 且 $\mathfrak{M}, \lambda_1 \models \varphi$。

那么，如何确定公式 $BEX\varphi$ 在状态 $w$ 的值？首先，按照（1），我们有，

• $\mathfrak{M}, w \models BEX\varphi$，当且仅当，对任意 $v \in W$，如果 $R_B wv$ 则 $\mathfrak{M}, v \models EX\varphi$。

然而，如何确定时态公式在状态 $v$ 的真值？

我们必须统一定义信念公式和时态公式的真值。我们需要使用如下的语义表达：

$$\mathfrak{M}, w, s \models \varphi$$

它读作：公式 $\varphi$ 在（模型 $\mathfrak{M}$ 中）状态 $w$ 的时刻 $s$ 上为真。特别地，原子命题的真值需要定义在状态和时刻的有序对上。即有如下的定义：

- $V : P \times W \times T \to \{0,1\}$ 是一个赋值函数，其中 $P$ 是所有命题变元的集合。

作为可选项，我们可以对赋值函数加上某些限制条件。例如，$V(p,w,t) = V(p,v,t)$，意思是原子命题在不同状态的相同时刻的真值相同。

既然公式的真值定义在状态、时刻的有序对上，二元关系 $R_B$ 和 $<$ 也需要定义为状态、时刻有序对间的关系。

首先考虑 $R_B$ 关系。可以把状态、时刻有序对间的二元关系 $R_B$ 还原为状态间的二元关系，只要 $R_B$ 满足如下条件：

- 如果 $R_B(w,t)(w',t')$，那么有 $R_B(w,s)(w',t')$ 且 $R_B(w,t)(w',s')$。

这个条件表明，$R_B$ 只与所处的状态有关，而与所处的时间点无关。这个条件太苛刻。事实上，我们希望智能体的信念状态可以随时间的变化而变化。即在不同时刻，智能体可能认为不同的状态是可能状态。我们把上面的条件改为：

- 如果 $R_B(w,t)(w',t')$，那么有 $R_B(w,t)(w',s')$。

这个条件表明，如果处于状态 $w$ 时刻 $t$ 的智能体认为 $(w',t')$ 是可能的，那么它也认为 $(w',s')$ 是可能的。换句话说，认知可通达关系的目标状态与所处的时间点无关。因此，下面是合法的表述：处于状态 $w$ 时刻 $t$ 的智能体认为状态 $w'$ 是一个可能状态。在这个限制条件下，$R_B$ 关系可以写为一个三元关系如下：

- $R_B \subseteq T \times W \times W$ 使得对任意 $t \in T$，$\{(w,v) \mid (t,w,v) \in R_B\}$ 是 $W$ 上传递、欧氏和序列的二元关系。

注意，$R_B$ 关系限制在状态集后的二元关系满足信念模型的三个条件，这使得 BDI 逻辑中的信念逻辑仍然是一个标准的 KD45 信念逻辑。

最后我们考察 $<$ 关系。首先，我们希望不同状态上的分支时间结构不同。一个分支时间结构代表的是系统可能运行方向的状态。在不同的状态 $w$ 和 $v$，同一时刻 $t$，智能体可能面临不同的未来发展。例如，在状态 $w$ 的时刻 $t$，系统的下一个时刻有三种可能的发展，而在状态 $v$ 的时刻 $t$，系统的下一个时刻有两种可能

的发展。其次，时刻间的先后关系在不同的状态上应该是一样的。我们仍然使用一个统一的时间点的集合 $T$，我们使用一个函数 $f$ 为每个状态分配一些时间点，作为该状态上系统可能的发展。

- $f: W \to \mathcal{P}(T)$ 赋予每个状态一个 $T$ 的子集。

状态 $w$ 上系统可能的发展由分支时间模型 $(f(w), <\lceil_{f(w)}, V_w)$ 刻画，其中 $<\lceil_{f(w)} = (< \cap f(w) \times f(w))$ 是把 $<$ 限制在 $f(w)$ 上，赋值函数 $V_w: P \times T \to \{0,1\}$ 使得 $V_w(p,t) = V(p,w,t)$。

综上所述，精简版 BDI 逻辑的模型定义如下：

**定义 6.4** 一个 BDI 模型是一个多元组 $\mathfrak{M} = (W, T, R_B, <, f, V)$，其中，

- $W$ 是一个非空的状态集。
- $T$ 是一个非空的、有穷的时间点的集合。
- $R_B \subseteq T \times W \times W$ 使得对任意 $t \in T$，$\{(w,v) \mid (t,w,v) \in R_B\}$ 是 $W$ 上传递、欧氏和序列的二元关系。
- $<$ 是 $T$ 上的回溯线性的严格偏序。
- $f: W \to \mathcal{P}(T)$ 赋予每个状态一个 $T$ 的子集；令 $\mathfrak{M}_w = (f(w), <\lceil_{f(w)}, V_w)$。
- $V: P \times W \times T \to 0,1$ 是一个赋值函数，其中 $P$ 是所有原子命题的集合。

直观上，这个模型分为内外两层。外层是状态的集合，每个状态的内部是一个分支时间结构。图 6.2 是一个简单的例子。图 6.2 中有三个状态 $w$、$u$ 和 $v$。每个状态上有一个分支时间结构。智能体当前处于状态 $w$ 的时刻 $t_2$。因此，系统的

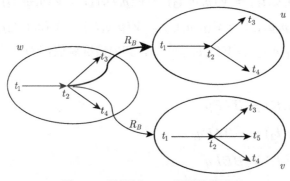

图 6.2 精简版 BDI 逻辑的模型

将要进入的下一时刻有两种可能性，即 $t_3$ 和 $t_4$。但智能体按照其当前的信念状态认为有两个可能的状态，即 $u$ 和 $v$。对智能体而言，系统将要进入的下一时刻发展有两种可能性，即 $u$ 和 $v$ 两个状态上的分支时间结构所刻画的可能性。

公式的真值由以上方式确定。当遇到信念公式 $B\varphi$ 时，$B\varphi$ 的真值依赖于 $\varphi$ 在 $R_B$ 关系下可通达到的所有状态上是否都为真（时间点保持不变）；当遇到时态公式 $E\varphi$ 时，保持状态为当前状态，$E\varphi$ 的真值依赖于当前状态下，是否存在路径使得 $\varphi$ 为真。BDI 逻辑的语义定义如下：

**定义 6.5** 令 $\mathfrak{M} = (W, T, R_B, <, f, V)$ 是一个 BDI 模型。命题连接词的语义定义与命题逻辑相同。

- $\mathfrak{M}, (w, t) \models B\varphi$，当且仅当，对任意 $v \in W$，如果 $R_B twv$ 则 $\mathfrak{M}, (v, t) \models \varphi$。

- $\mathfrak{M}, (w, t) \models EX\varphi$，当且仅当，$\mathfrak{M}_w$ 中存在一条路径 $\lambda$ 使得，$\lambda_0 = t$ 且 $\mathfrak{M}, (w, \lambda_1) \models \varphi$。

- $\mathfrak{M}, (w, t) \models EG\varphi$，当且仅当，$\mathfrak{M}_w$ 中存在一条路径 $\lambda$ 使得，$\lambda_0 = t$ 且对任意 $i \in \omega$ 有 $\mathfrak{M}, (w, \lambda_i) \models \varphi$。

- $\mathfrak{M}, (w, t) \models E(\varphi U \psi)$，当且仅当，$\mathfrak{M}_w$ 中存在一条路径 $\lambda$ 使得，$\lambda_0 = t$，且存在 $j \in \omega$ 使得 $\mathfrak{M}, (w, \lambda_j) \models \psi$，且对任意 $0 \leqslant i < j$ 有 $\mathfrak{M}, (w, \lambda_i) \models \varphi$。

精简版的 BDI 逻辑是分支时间时态逻辑 CTL 和标准信念逻辑的混合逻辑。这两种逻辑本身都有十分简单的定义。可以看到，把这两种简单的逻辑结合为一个逻辑，并不是一项简单直接的任务。

**练习 6.2** 令 $\mathfrak{M}$ 是图 6.2 所示的模型。假设只有两个原子命题 $p$ 和 $q$。赋值函数使得 $V(p, w, t_2) = V(p, w, t_3) = V(p, w, t_4) = V(q, w, t_3) = V(p, u, t_2) = V(p, u, t_3) = V(p, u, t_4) = V(q, u, t_3) = V(p, v, t_2) = V(p, v, t_3) = V(p, v, t_4) = V(p, v, t_5) = V(q, v, t_2) = V(q, v, t_3) = 1$，其他情况赋值都为 0。验证下面的式子是否成立。

（1）$\mathfrak{M}, (w, t_2) \models BAFp$

（2）$\mathfrak{M}, (w, t_2) \models \neg BAFq$

（3）$\mathfrak{M}, (w, t_2) \models BEFq$

## 6.3 认证协议验证的 BAN 逻辑

我们在第 5 章提到了 TCP 中的三握手协议。这个协议用来建立非安全的网络连接。由于网络信息可能被恶意侵入者截获、重用、更改，我们不能确保由三握手协议建立的连接是安全的。为了建立安全的连接，我们需要使用更精致的协议，这些协议称为认证协议。

通过信息交换，参与认证协议的各方分别确认网络另一方通信者的身份。为迅速高效地建立连接，多数认证协议只由数条信息传递组成。研究者已经证明，不可能有完美的、不存在任何漏洞的认证协议。尽管认证协议十分简短，它们可能存在相当隐蔽不易被发现的漏洞。攻击者可能利用这些漏洞伪造协议参与者的身份。

本节以 NSSK 协议（Needham-Schroeder Sharede Key Protoco）为例。NSSK 协议是一个基于服务器的协议。参与协议的两方各自与服务器共享一个长期的、安全的密码。两方在服务器的协助下，获得一个临时密码，用于两方的安全通信。

我们使用下面的记法：

- $A$、$B$：参与协议的两方。

- $S$：服务器。

- $k_{AS}$：$A$ 和服务器共享的密码。$k_{BS}$，$k_{AB}$ 类似。

- $\{M\}_k$：一个使用密码 $k$ 加密的信息 $M$。

- $n_A$：由 $A$ 创建的一个随机数，用作验证标识。

NSSK 协议由五条信息传递组成：

- Message 1 $A \rightarrow S$：$A, B, n_A$

- Message 2 $S \rightarrow A$：$\{n_A, B, K_{AB}, \{K_{AB}, A\}_{k_{BS}}\}_{K_{AS}}$

- Message 3 $A \rightarrow B$：$\{K_{AB}, A\}_{k_{BS}}$

- Message 4 $B \rightarrow A$：$\{n_B\}_{K_{AB}}$

- Message 5 $A \rightarrow B$：$\{n_B - 1\}_{k_{AB}}$

Message 1 由 $A$ 发给服务器，告诉服务器他希望使用认证标识 $n_A$ 与 $B$ 建立安全通信。服务器返回使用 $A$ 的密匙加密的 Message 2。由于 $k_{AS}$ 是 $A$ 与服务器间的安全密匙，$A$ 看到与 $n_A$ 在一起的 $K_{AB}$ 时，确认 $K_{AB}$ 是来自服务器的良好密码。在 Message 3 中 $A$ 把封装的消息 $\{K_{AB}, A\}_{k_{BS}}$ 转发给 $B$。$B$ 解开该消息，看到其内容后，知道 $K_{AB}$ 是来自服务器的良好密码，用于与 $A$ 通信。在最后两个消息中，$A$ 和 $B$ 通过使用 $K_{AB}$ 加密的信息传递，确认建立安全连接。他们之后的通信可以使用 $K_{AB}$ 实现排他性。

如何验证认证协议、发现认证协议的漏洞是实践中的重要问题。使用逻辑工具做协议验证是一种流行的方法。本节介绍 BAN 逻辑。BAN 是一种简单的协议验证逻辑，也是第一个将逻辑学应用到协议验证的工具。我们下面使用 BAN 来分析 NSPK 协议。

为了形式化 NSSK 协议，BAN 使用如下句法表达：

- *P believes X*：$P$ 相信 $X$ 为真。
- *P received X*：$P$ 接收到一个包含 $X$ 的消息，$P$ 可以解密该消息得到 $X$。
- *P said X*：$P$ 在某一时刻发送了一个包含 $X$ 的信息。
- *P controls X*：$P$ 具有关于 $X$ 的权威，即 $P$ 发出的关于 $X$ 的信息应该被信任。
- *fresh(X)*：$X$ 是在当前的协议运行中发送的，$X$ 是新的，$X$ 是有效的。
- $P \overset{k}{\leftrightarrow} Q$：$k$ 对于 $P$ 和 $Q$ 是好的密码，即仅有 $P$ 和 $Q$ 及他们信任的第三方才知道 $k$。
- $\{X\}_k$ *from P*：$P$ 使用密码 $k$ 加密后的信息 $X$。

BAN 包含以下六个基本公理，它们具有十分清楚的含义：

- Message Meaning：

**MM** $(P\ believes\ P \overset{k}{\leftrightarrow} Q) \wedge (P\ received\ \{X\}_k) \rightarrow (P\ believes\ (Q\ said\ X))$。

- Nonce Verification：

**NV** $(P\ believes\ fresh(X)) \wedge (P\ believes\ (Q\ said\ X)) \rightarrow (P\ believes\ (Q\ believes\ X))$。

- Jurisdiction：

**J** $(P\ believes\ (Q\ controls\ X)) \wedge (P\ believes\ (Q\ believes\ X)) \rightarrow (P\ believes\ X)$。

- Belief Conjuncatenation：

**BC** $(P\ believes\ X) \wedge (P\ believes\ Y) \rightarrow (P\ believes\ (X,Y))$。

$(P\ believes\ (Q\ believes\ (X,Y))) \rightarrow (P\ believes\ (Q\ believes\ X))$。

$(P\ believes\ (Q\ said\ (X,Y))) \rightarrow (P\ believes\ (Q\ said\ X))$。

- Freshness Conjuncatenation：

**FC** $(P\ believes\ fresh(X)) \rightarrow (P\ believes\ fresh(X,Y))$。

- Receiving Rules：

**RR** $(P\ believes\ P \overset{k}{\leftrightarrow} Q) \wedge (P\ received\ \{X\}_k) \rightarrow (P\ received\ X)$。

$(P\ received\ (X,Y)) \rightarrow (P\ received\ X)$。

使用 BAN 分析认证协议分为四个步骤进行：

(1) 重写协议为 BAN 的形式。

(2) 确定协议的初始假设。

(3) 形式化协议运行：对每条形如 $P \rightarrow Q:M$ 的协议条目，添加一个 BAN 公式 $Q\ received\ M$。

(4) 逻辑推理：从 (2)、(3) 得到的公式出发，在 BAN 逻辑中推导协议参加者在协议运行结束后持有的信念。

我们下面依次为分析 NSSK 协议完成这四个步骤。

**重写协议为 BAN 的形式：**

- Message 2 $S \rightarrow A : \{n_A, A \overset{k_{AB}}{\leftrightarrow} B, \{A \overset{k_{AB}}{\leftrightarrow} B\}_{k_{BS}}\}_{k_{AS}}$
- Message 3 $A \rightarrow B : \{A \overset{k_{AB}}{\leftrightarrow} B\}_{k_{BS}}$
- Message 4 $B \rightarrow A : \{n_B, A \overset{k_{AB}}{\leftrightarrow} B\}_{k_{AB}}$
- Message 5 $A \rightarrow B : \{n_B, A \overset{k_{AB}}{\leftrightarrow} B\}_{k_{AB}}$

我们不需要对服务器的信念做推理，因此不使用 Message 1。$n_B - 1$ 简化为 $n_B$。BAN 没有从 $n_B$ 到 $n_B - 1$ 的公理。

**确定协议的初始假设：**

P1 $(A\ believes\ A \overset{k_{AS}}{\leftrightarrow} S)$

P2 $(B\ believes\ B\ \overset{k_{BS}}{\leftrightarrow}\ S)$

P3 $(A\ believes\ (S\ controls\ A\ \overset{k}{\leftrightarrow}\ B))$

P4 $(B\ believes\ (S\ controls\ A\ \overset{k}{\leftrightarrow}\ B))$

P5 $(A\ believes\ (S\ controls\ fresh(A\ \overset{k}{\leftrightarrow}\ B)))$

P6 $(A\ believes\ fresh(n_A))$

P7 $(B\ believes\ fresh(n_B))$

这些假设的含义十分清楚，每一条都是协议有效运行的必要前提。

**形式化协议运行：**

P8 $(A\ received\ \{n_A, A\ \overset{k_{AB}}{\leftrightarrow}\ B, fresh(A\ \overset{k_{AB}}{\leftrightarrow}\ B), \{A\ \overset{k_{AB}}{\leftrightarrow}\ B\}_{k_{BS}}\}_{k_{AS}})$

P9 $(B\ received\ \{A\ \overset{k_{AB}}{\leftrightarrow}\ B\}_{k_{BS}})$

P10 $(A\ received\ \{n_B, A\ \overset{k_{AB}}{\leftrightarrow}\ B\}_{k_{AB}})$

P11 $(B\ received\ \{n_B, A\ \overset{k_{AB}}{\leftrightarrow}\ B\}_{k_{AB}})$

在进行最后一个步骤，即逻辑推理之前，我们需要确定认证协议的目标。最常用的目标有以下四个，它们表达了协议运行结束后，参与者应该持有的信念：

**Goal1** $A\ believes\ A\ \overset{k_{AB}}{\leftrightarrow}\ B$

**Goal2** $B\ believes\ A\ \overset{k_{AB}}{\leftrightarrow}\ B$

**Goal3** $A\ believes\ (B\ believes\ A\ \overset{k_{AB}}{\leftrightarrow}\ B)$

**Goal4** $B\ believes\ (A\ believes\ A\ \overset{k_{AB}}{\leftrightarrow}\ B)$

　　**逻辑推理**。对 NSSK 协议做逻辑推理，就是从 BAN 的六个公理，加上协议的初始假设 P1~P7，再加上协议运行的效果 P8~P11，从所有这些前提出发，尝试推出协议的目标 Goal1~Goal4。如果顺利地推出了所有目标，则说明协议运行可以保证完成目标；如果不能推出某个目标，则从缺失的部分可以清楚地看到协议的缺陷。使用这种方式，认证协议的验证问题被转化为一个逻辑证明问题。

　　具体地，我们首先对 $A$ 的信念状况做推理如下：

- 由 P1、P8 和 MM 得到

$1 : (A\ believes\ S\ said\ (n_A, A \overset{k_{AB}}{\leftrightarrow} B, fresh(A \overset{k_{AB}}{\leftrightarrow} B), \{A \overset{k_{AB}}{\leftrightarrow} B\}_{k_{BS}}))$

- 由 1、P6 和 FC 得到

$2 : (A\ believes\ fresh(n_A, A \overset{k_{AB}}{\leftrightarrow} B, fresh(A \overset{k_{AB}}{\leftrightarrow} B), \{A \overset{k_{AB}}{\leftrightarrow} B\}_{k_{BS}}))$

- 由 1、2 和 NV 得到

$3 : (A\ believes\ S\ believes\ (n_A, A \overset{k_{AB}}{\leftrightarrow} B, fresh(A \overset{k_{AB}}{\leftrightarrow} B), \{A \overset{k_{AB}}{\leftrightarrow} B\}_{k_{BS}}))$

- 由 3 和 BC 得到

$4 : (A\ believes\ S\ believes\ (A \overset{k_{AB}}{\leftrightarrow} B))$

- 由 3 和 BC 得到

$5 : (A\ believes\ S\ believes\ fresh(A \overset{k_{AB}}{\leftrightarrow} B))$

- 由 4、P3 和 J 得到 Goal1

$6 : (A\ believes\ A \overset{k_{AB}}{\leftrightarrow} B)$

- 由 4、P5 和 J 得到

$7 : (A\ believes\ fresh(A \overset{k_{AB}}{\leftrightarrow} B))$

对 $B$ 的信念状况做推理如下：

- 由 P2、P9 和 MM 得到

$8 : (B\ believes\ S\ said\ A \overset{k_{AB}}{\leftrightarrow} B)$

推理至此，我们发现对 $B$ 的信念推理无法继续进行。与 $A$ 不同，$B$ 此时没有发送任何随机数，以标记信息是新近的。要是推理能够进行，我们需要如下的附加假设：

P12 $(B\ believes\ fresh(A \overset{k_{AB}}{\leftrightarrow} B))$

原协议中没有这个假设。这个缺失的假设也指明了协议的缺陷：$B$ 不能确认他得到的信息（$K_{AB}$）是新近产生的良好的密码。

如果可以使用 P12，则我们可以推出所有的协议目标：

- 由 8、P12 和 NV 得到

$9 : (B\ believes\ S\ believes\ A \overset{k_{AB}}{\leftrightarrow} B)$

- 由 9、P4 和 J 得到 Goal2

$10 : (B\ believes\ A \overset{k_{AB}}{\leftrightarrow} B)$

- 由 6、P10 和 MM 得到

  $11: (A \ believes \ B \ said \ (n_B, A \overset{k_{AB}}{\leftrightarrow} B))$

- 由 7 和 FC 得到

  $12: (A \ believes \ fresh(n_B, A \overset{k_{AB}}{\leftrightarrow} B))$

- 由 11、12 和 NV 得到

  $13: (A \ believes \ B \ believes \ (n_B, A \overset{k_{AB}}{\leftrightarrow} B))$

- 由 13 和 BC 得到 Goal3

  $14: (A \ believes \ B \ believes \ A \overset{k_{AB}}{\leftrightarrow} B)$

- 类似可得 Goal4

  $(B \ believes \ A \ believes \ A \overset{k_{AB}}{\leftrightarrow} B)$

下面是一个简单的针对这个漏洞的攻击。我们记攻击者（intruder）为 $I$。当攻击者 $I$ 伪装为 $A$ 时，我们记他为 $I(A)$。攻击者与 $B$ 通信，使得 $B$ 认为自己在与 $A$ 通信。

- Message $3: I(A) \to B: \quad \{k_{AB}, A\}_{k_{BS}}$
- Message $4: B \to I(A): \quad \{n_B\}_{k_{AB}}$
- Message $5: I(A) \to B: \quad \{n_B - 1\}_{k_{AB}}$

这个破解依赖于我们用 BAN 找到的漏洞，即 $B$ 没有办法确认 Message 3 是新近的消息。因此，攻击者可以有充足的时间，来破解一个老的 session 密码 $k_{AB}$。作为协议运行的结果，$B$ 错误地相信与他使用 $k_{AB}$ 通信的人是 $A$。

**例 6.1**　所谓公匙（public key），是加密信息和解密信息使用分别使用不同密码的密匙。RSA 是最常用的公匙。通常，用以加密信息的是公开密码，为公众所知；所有人都可以使用它加密信息；用以解密信息的个人密码，只为使用者所知。任何人可使用 $A$ 的公匙加密一个信息，但只有 $A$ 才能解开并看到该信息。

NSPK 协议是一个公匙认证协议。它是一个使用公匙的、精致化的三握手协议。这个协议由三条消息组成：

Message $1 \ A \to B: \quad A, B, \{n_A, A\}_{k_B}$

Message 2 $B \rightarrow A: \quad B, A, \{n_A, n_B\}_{k_A}$

Message 3 $A \rightarrow B: \quad A, B, \{n_B\}_{k_B}$

下面是 NSPK 协议的一个漏洞。

首先，攻击者需要引诱 $A$ 主动向他发出一条连接请求。这种情况在现实中经常发生，如我们收到一封邮件，包含一个引诱我们点击的可疑连接。协议运行如下：

$(\alpha 1)\ A \rightarrow I: \quad A, I, \{n_A, A\}_{k_I}$

攻击者收到并解开封装的信息，知道了 $A$ 尝试使用的验证标识 $n_A$。攻击者伪装为 $A$，发起一个与 $B$ 通信的协议运行：

$(\beta 1)\ I(A) \rightarrow B: \quad A, B, \{n_A, A\}_{k_B}$

$B$ 收到该信息后，按照 NSPK 协议，发回给 $A$ 确认信息。该信息被攻击者截获（通常，我们一般性地假设网络连接是不安全的，攻击者可以任意截取信息）：

$(\beta 2)\ B \rightarrow I(A): \quad B, A, \{n_A, n_B\}_{k_A}$

虽然攻击者截获了信息 $\{n_A, n_B\}_{k_A}$，但他无法解开这个封装的信息。攻击者将整个封装的信息发送给 $A$，作为对 $A$ 向他发出的连接请求的响应：

$(\alpha 2)\ I \rightarrow A: \quad I, A, \{n_A, n_B\}_{k_A}$

$A$ 收到 $I$ 的信息，按照 NSPK 协议发回给 $I$ 最终的确认，完成该协议运行：

$(\alpha 3)\ A \rightarrow I: \quad A, I, \{n_B\}_{k_I}$

攻击者收到并解开封装信息，知道了验证标识 $n_B$。攻击者伪装为 $A$ 发给 $B$ 最终的确认，完成他和 $B$ 的协议运行：

$(\beta 3)\ I(A) \rightarrow B: \quad A, B, \{n_B\}_{k_B}$

协议运行完成后，攻击者与 $B$ 建立了连接，并成功地令 $B$ 以为他正在与 $A$ 通信。

**练习 6.3** 尝试修正 BAN 逻辑，使得它能够用于分析 NSPK 协议。

BAN 是第一个分析认证协议的逻辑工具。自 BAN 出现以后，研究者又找到了其他多种分析认证协议的逻辑工具，如 GNY（BAN 的扩展，表达力更强）、AT（BAN 的模态语义，使得判断假设的有效性成为可能）、VO（BAN 的扩展，大大扩展可分析的协议类型，包括 SSL、TLS 等）、SVO（VO 的扩展）等。

　　还有从其他角度分析认证协议的方法。如认证协议目标的分类与分析、构建分析攻击者的逻辑而不是协议参与者的逻辑，为协议验证逻辑添加时态表达、构建协议设计的逻辑而不是协议验证的逻辑，等等。最后，也有一些成功的、非逻辑的认证协议分析工具，如语义分析方法 NRL、Strand、模型检测等。

# 第 7 章　道　义　逻　辑

## 7.1　道义逻辑的句法

道义逻辑是关于道德规范概念（moral and normative concepts）的逻辑。

具体地，道义逻辑讨论"应当"（ought）、"允许"（permission）、"禁止"（prohibition）等规范概念。在这些字词的使用上，我们在日常语言中经常在不同含义下使用同一个词。例如，"你应当孝顺父母"、"你应当早上八点起床"和"太阳应当从东边升起"。前者与道德要求有关，后两者则与道德要求无关。本章只讨论与道德要求有关的概念。我们讨论的概念是"按照道德要求应当如何""按照道德要求允许如何""按照道德要求禁止如何"。但为了表述简洁，我们通常省略"按照道德要求"这个定语。

道义逻辑也是一种模态逻辑。我们在道义逻辑中把模态词 □ 记为"$O$"，称之为道义词或道义算子。道义算子 $O$ 的意思是"应当的"。这个"应当的"也可以被翻译为"道义义务的"或"道义必须的"。公式 $O\varphi$ 读作"$\varphi$ 是应当的"。

道义逻辑的公式由以下规则生成：

$$\varphi ::= p \mid \neg\varphi \mid \varphi \vee \varphi \mid O\varphi$$

道义算子 $O$ 的对偶算子是 $P$，其定义如下：

- $P\varphi =_{df} \neg O \neg \varphi$

$P\varphi$ 读作"$\neg\varphi$ 不是应当的"，也就是"$\varphi$ 是被允许的"。由于 $O$ 是模态 □，所以 $P$ 是模态 ◇。

中世纪哲学家已经注意到了道义词与真势模态词之间的关系：应当算子 $O$ 对应必然算子 □，允许算子 $P$ 对应可能算子 ◇。这是因为，"应当"意味着道德要求的必然，"允许"则意味着道德要求的可能。有时，我们也称 $O$ 作道义必然算子，称 $P$ 作道义可能算子。

**练习 7.1**　如何在道义逻辑中定义"禁止的"?

## 7.2　道义逻辑的模型和语义

图 7.1　冯赖特

道义逻辑的奠基人是芬兰哲学家、逻辑学家冯赖特(Georg Henrik von Wright,1916~2003 年)。在分析哲学领域,冯赖特是维特根斯坦研究的权威,以及维特根斯坦后期著作的主要整理和编辑者。在哲学逻辑领域,他与其他学者一起创立并发展了模态逻辑。冯赖特是第一个对行动做出逻辑学分析的学者,他深入地探讨了善恶概念,并创立了道义逻辑。冯赖特晚年对现代性、进步等持质疑和悲观主义的态度,他写下了大量质疑物质和技术进步的文章。

要建立道义模型并在模型上给出道义算子的语义定义,我们首先需要对"应当"做一个概念分析,得到关于它的一个合理的解释。

我们的现实世界不是一个道义完美的世界。我们可以列出很多按照道德要求应该为真的句子,如"无人被谋杀""弱者受到照顾"等。但它们在现实世界中并未实现,这些句子在现实世界中为假。设想这样一个可能世界,所有在我们的世界里"应当的"的句子,在那个世界全部为真。我们称这样的可能世界是一个(道义)完美世界(相对于我们的世界而言)。简单地说,完美世界就是所有"好"的东西都实现了的世界。

道义逻辑基于如下关于"应当"的解释:"应当的就是在所有完美世界里都为真的东西。"

仔细分析这句话,可以看到,它有循环定义、同义反复的嫌疑。这句话使用"完美世界"来定义"应当"。但是,完美世界本身就是用"应当"来定义的。完美世界就是所有应当的都为真的世界。现在反过来说,应当的就是在所有完美世界里都为真的东西。

这句话当然并不是同义反复。但本书无意于介绍关于此类陈述的哲学辩护。读者只需看到,这样一句迹近同义反复的句子,本身具有很强的合理性,可以为建立道义逻辑提供坚实的概念基础。

从这个解释出发可以自然地构造一个可能世界模型：

**定义 7.1** 一个道义模型 是一个三元组 $\mathfrak{M} = (W, R_O, V)$，其中

- $W$ 是一个非空的可能世界的集合。
- $V : P \times W \to \{0, 1\}$ 是一个赋值函数。
- $R_O$ 是 $W$ 上的一个序列的（$\forall x \exists y R_O xy$）二元关系。

两个可能世界 $w$ 和 $v$ 有二元关系 $R_O$，即 $R_O wv$，其直观含义是"对可能世界 $w$ 来说，可能世界 $v$ 是一个完美世界"。我们通常称道义模型中的这个二元关系为道义可通达关系。

道义算子 $O$ 的语义定义如下：

**定义 7.2** 令 $\mathfrak{M} = (W, R_O, V)$ 是一个道义模型，$w \in W$。则

- $\mathfrak{M}, w \models O\varphi$，当且仅当，对任意 $v \in W$，如果 $R_O wv$ 则 $\mathfrak{M}, v \models \varphi$。

显然，道义算子 $O$ 是一个标准的模态逻辑方块算子。道义算子 $O$ 的语义定义是对"应当的就是在所有完美世界里都为真的东西"这句话的直接刻画。它用严格的数学语言表达了我们对"应当"概念的解释。

一个公式是道义逻辑中有效的，如果它在任意道义模型中的任意可能世界都为真。

由道义必然算子 $O$ 的语义定义我们可以得到道义可能算子 $P$ 的语义定义：

- $\mathfrak{M}, w \models P\varphi$，当且仅当，存在 $v \in W$，使得 $R_O wv$ 且 $\mathfrak{M}, v \models \varphi$。

与"应当"的解释对应，"允许的"被解释为在某个完美世界中为真的东西。

定义 7.1 中的二元关系是一个序列的二元关系。这意味着，对于任意可能世界，都至少存在一个完美世界。也就是说，不管身处哪一个可能世界，都可以设想至少一个"好"的东西都实现了的可能世界。

道义逻辑的主要特征公理是 D 公理：

**D** : $Op \to Pp$

读者可以验证如下练习。

**练习 7.2** D 公理表达序列性。

练习 7.2 与练习 4.1 的表述完全相同。事实上，这两个 D 公理是等价的公式，它们分别是 D 公理的不同形式。在道义逻辑中，D 公理也可以写为：$\neg O(p \wedge \neg p)$。

不管以哪种形式出现，D 公理都表达了道义算子应该具有的性质。$Op \rightarrow Pp$ 读作 "应当的都是被允许的"：如果 $p$ 是按道德要求必须的，那么自然，$p$ 按照道德要求也是被允许的。$\neg O(p \wedge \neg p)$ 意为，道德不会要求一对矛盾。

本节定义的道义逻辑称为标准道义逻辑。

# 7.3  道义逻辑的公理系统

道义逻辑的公理系统 $KD$ 由以下公理和规则组成：

**Taut**：  所有命题重言式

**K**：  $O(p \rightarrow q) \rightarrow (Op \rightarrow Oq)$

**D**：  $Op \rightarrow Pp$

**分离规则**：  $\varphi, \varphi \rightarrow \psi \,/\, \psi$

**代入规则**：  $\varphi \,/\, \varphi(p, \psi)$

**概括规则**：  $\varphi \,/\, O\varphi$

道义逻辑的公理系统 $KD$ 是由最小正规模态逻辑 $K$ 系统附加 D 公理得到的。

**定理 7.1**  $KD$ 系统对于道义模型是可靠的和完全的。

# 7.4  一种早期的道义逻辑

在 7.1 节中我们提到，中世纪哲学家已经注意到了道义词与真势模态词之间的关系。他们注意到，这两者都有 "必然" 或 "可能" 的意味。莱布尼茨由此出发提出，道义词和真势模态词并不是相互独立的两组概念。特别地，我们可以从真势模态词中把道义词定义出来。

莱布尼茨的定义如下：

- 被允许的就是一个好人<u>可能</u> 去做的。（The permitted is what is possible for a good man to do）

- 应当的就是一个好人<u>必然</u> 去做的。（The obligatory is what is necessary for a good man to do）

通过这种方式，莱布尼茨使用真势模态词"可能"和"必然"定义出了道义词"被允许"和"应当"。

我们不在这里展开对莱布尼茨定义的哲学讨论。我们关注的是，可以依据莱布尼茨的定义构造另一种道义逻辑。以下当然不是莱布尼茨本人的构造（符号逻辑在莱布尼茨所处的时代还没有诞生）。

我们把莱布尼茨的定义形式化为下面的句子：

- $Pp =_{df} \Diamond(G \wedge p)$
- $Op =_{df} \Box(G \rightarrow p)$

其中，$G$ 读作"$x$ 是一个好人"，$p$ 读作"$x$ 做 $p$"。

由于真势模态词 $\Box$ 和 $\Diamond$ 已经在由真势模态逻辑形式化，按照上面的定义，我们不再需要单独为道义词 $O$ 和 $P$ 构建一个道义逻辑。它们可以在真势模态逻辑被定义出来。

可以验证，按上述方式定义的道义词 $O$ 和 $P$，与标准道义逻辑中的道义词 $O$ 和 $P$ 的性质十分接近。下面的道义逻辑的基本性质，在这二者中都是有效的：

**K** ：$O(p \rightarrow q) \rightarrow (Op \rightarrow Oq)$

**RN** ：$\varphi/O\varphi$

**D** ：$Op \rightarrow Pp$

学界通常把标准道义逻辑作为一个单独的逻辑，而不会在真势模态逻辑中讨论道义词。虽然很少有人真正使用本节中定义的道义逻辑，但是它为我们提供了一种定义逻辑的思路，值得我们学习和借鉴。

## 7.5 标准道义逻辑的问题

**练习 7.3** 验证：下列的公式和规则在道义逻辑中都是有效的：

（1）$O(p \wedge q) \rightarrow Op$

（2）$P(p \wedge q) \rightarrow Pp$

（3）$Op \rightarrow O(p \vee q)$

（4）$Pp \rightarrow P(p \vee q)$

（5）$p \rightarrow q / Op \rightarrow Oq$

既然上述句子都是有效的，它们所表达的道义陈述应该都是成立的。但是，我们可以分别找到它们违背直观的反例。我们称它们为道义逻辑悖论。

**例 7.1**    下面是一组对练习 7.3 中公式在自然语言中的实例化。判断它们是否成立。思考问题出现的原因。

- $O(p \wedge q) \rightarrow Op$

  如果"房子着火并且向房子泼水"是应当的，那么"向房子泼水"是应当的。

- $P(p \wedge q) \rightarrow Pp$

  如果"房子着火并且向房子泼水"是被允许的，则"向房子泼水"是被允许的。

- $Op \rightarrow O(p \vee q)$

  如果你应当把信寄出去，则你应当"把信寄出去或者撕烂它"。

- $Pp \rightarrow P(p \vee q)$

  如果喝水是被允许的，则"喝水或者饮酒"是被允许的。

- $p \rightarrow q / Op \rightarrow Oq$

  从"如果消防员知道失火，则失火了"得到"如果消防员知道失火是应当的，则应当失火"？

道义逻辑中还可以找到其他更复杂的、需要一定推理步骤的悖论。

**例 7.2**    应知悖论。

令 $p$ 代表"失火了"，$Kp$ 代表"消防员知道失火了"。直观上，下面这三个公式放在一起应该是一致的：

（i）$\neg Op$，

（ii）$p \rightarrow OKp$，

（iii）$p$。

不应当失火，如果失火了则消防员应当知道，事实上失火了，这三个句子当然可以同时为真。因为我们可以设想一个场景，使得它们为真。但是，在道义逻辑中，这三个公式放在一起是不一致的。简略证明如下：

（1）$Kp \to p$：知识逻辑的 T 公理

（2）$OKp \to Op$：由（1）、道义逻辑的 K 公理和概括规则、分离规则得到

（3）$\neg Op$：公式（i）

（4）$\neg OKp$：由（2）和（3）得到

（5）$p \to OKp$：公式（ii）

（6）$\neg p$：由（4）和（5）得到；与公式（iii）矛盾。

如果这三个公式是不一致的，那么它们在任何情况下都不可能同时为真，这与例中的实例违背，因此它构成一个悖论。

我们最后介绍两个违背义务悖论的实例。

**例 7.3** *温柔谋杀悖论*。

考虑下面三个句子及它们形式化后的公式：

（1）张三应当不谋杀他的朋友。

（2）如果张三谋杀他的朋友，那么他应当以尽量温柔的方式进行。

（3）张三谋杀了他的朋友。

形式化后我们得到下面三个公式：

（i）$O\neg k$

（ii）$k \to Og$

（iii）$k$

再考虑下面的句子，这个句子是逻辑真的：

（4）如果张三温柔地谋杀了他的朋友，那么他谋杀了他的朋友。

这个句子形式化为

（iv）$g \to k$

我们有以下的推理：

（1）$Og \to Ok$，由（iv）、K 公理、概括规则、分离规则得到

（2）　$Og$，由（ii）和（iii）得到

（3）　$Ok$，由（1）和（2）得到；与（i）矛盾。

注意，我们不能直接对（iii）使用必然规则，得到 $Ok$。这是因为，$k$ 只是偶然成立的一个公式，$k$ 不是一个有效的公式。我们只能对有效的公式使用必然规则，如 $g \to k$。例 7.3 中的公式（i）$\sim$（iii）在标准道义逻辑中是不一致的。然而，同样地，例 7.3 中提供了它们能够同时成立的实例。

温柔谋杀悖论是"违背义务悖论"的一种形式。违背义务悖论也许是在道义逻辑中被讨论最多的悖论。下面是违背义务悖论的一个经典的例子。

**例 7.4**　考虑下面这四个句子：

（1）　你应当帮助你的邻居。

（2）　如果你要去帮助你的邻居，那么你应当告诉他你要去（提供帮助）。

（3）　如果你不去帮助你的邻居，那么你不应当告诉他你要去（提供帮助）。

（4）　你没有帮助你的邻居。

我们可以设想一个场景，使得这四个句子都为真。所以，在道义逻辑中，它们形式化后得到的四个公式放在一起应该是一致的。但事实却并非如此。四个句子分别形式化为四个公式如下：

（i）　$Oh$

（ii）　$O(h \to t)$

（iii）　$\neg h \to O\neg t$

（iv）　$\neg h$

下面是它们不一致的简要证明：

（1）　$Ot$：由（i）和（ii）、K 公理、分离规则得到

（2）　$O\neg t$：由（iii）和（iv）、分离规则得到

（3）　$\neg O(t \land \neg t)$：D 公理

（4）　$\neg Ot \lor \neg O\neg t$：由（3）、K 公理、分离规则得到；与（1）和（2）矛盾。

在这个例子中，我们使用了不同的方式形式化句子（2）和（3）。使用相同的方式

形式化这两个句子并不能解决问题。假使我们把（2）形式化为 $h \to Ot$，该公式是由（iv）推出，这严重违背我们的直观。假使我们把（3）形式化为 $O(\neg h \to \neg t)$，该公式可由（i）推出，这也违背我们的直观。

## 7.6  条件道义逻辑

7.5 节介绍了一系列标准道义逻辑的问题，它们通常以悖论的形式出现。逻辑学家对道义逻辑的进一步研究和发展，很大程度上就是围绕着解决这些各式各样的悖论进行的。本书没有一一详细介绍已有的解决各种悖论的方案。有兴趣的读者可以自行查阅相关文献。我们在本节只介绍一种解决违背义务悖论的方案。这种方案也提供了一种有广泛影响的道义逻辑。

首先，我们再来进一步考察道义逻辑的模型。该模型使用了完美世界的概念。自然地，所有的可能世界可以分为两类：一类是完美的世界，另一类是不完美的世界。完美的世界是所有"应当的"句子全部为真的世界，换句话说，是所有道德义务都被完成、道德律令都被遵守的世界。与之相反，不完美的世界中，一定有至少一个道德义务被打破、道德律令被违背。

我们再来考察标准道义逻辑的语义定义：

- $\mathfrak{M}, w \models O\varphi$，当且仅当，对任意 $v \in W$，如果 $R_O wv$ 则 $\mathfrak{M}, v \models \varphi$。

可见，形如 $Op$ 这样的公式，它的真值只与完美世界相关：$Op$ 为真，当且仅当，$p$ 在所有的完美世界里为真。该公式的真值与不完美世界的状况完全无关。

我们再来进一步分析例 7.4。考察句子：

如果你不去帮助你的邻居，那么你不应当告诉他你要去（提供帮助）。

这个句子形式化为公式 $\neg h \to O \neg t$。在标准道义逻辑中，这个公式的真值只与现实世界及相对于现实世界的完美世界相关，与不完美的世界无关。

但是，这句话的本意是，如果你不去帮助你的邻居，那么……也就是说，如果你违背了一项道德义务，那么……这样看来，这句话的真假应该依赖于某个不完美的世界的状况，在这个不完美的可能世界里你违背了你的道德义务，没有去帮助你的邻居。我们需要讨论的是，在一个你没有帮助邻居的可能世界里（这是一个不完美世界），应该如何。

按照以上分析，有些公式的真值与不完美世界的状况相关，而标准道义逻辑则没有提供这样的机制。标准道义逻辑的公式的真值总是只和完美世界相关。

有些学者认为，这就是违背义务悖论产生的根源。标准道义逻辑没有正确地处理当一项义务被违背的情况。为了解决此问题，他们提出了条件道义逻辑。

条件道义逻辑的公式由以下规则生成：

$$\varphi ::= p \mid \neg\varphi \mid \varphi \vee \varphi \mid O(\varphi/\psi)$$

公式 $O(\varphi/\psi)$ 读作"在 $\psi$ 为真的条件下，$\varphi$ 是应当的"。它更进一步的含义是，在令 $\psi$ 为真的、最接近完美世界的可能世界中，$\varphi$ 都为真。换句话说，在令 $\psi$ 为真且道义最优的可能世界中，$\varphi$ 都为真。这个"道义最优"，意味着它不一定是一个完美世界（$\psi$ 为真可能导致违背某项义务），但是，在所有这样的可能世界里，它是相对最优的。道义最优的可能世界一般情况下不止一个。

因为"道义最优"依赖于具体的公式 $\psi$，所以在模型中有无穷多个二元关系，每个二元关系对应唯一的一个公式。

- 一个条件道义模型是一个多元组 $\mathfrak{M} = (W, \{R_\psi \mid \psi \text{ is a formula}\}, V)$，其中
  
  （1）$W$ 是一个非空的可能世界的集合；
  
  （2）$V : P \times W \to \{0,1\}$ 是一个赋值函数；
  
  （3）$R_\psi$ 是 $W$ 上的一个二元关系。

上面提供的并不是条件道义逻辑模型的完整定义。它的完整定义还需要为 $R_\psi$ 附加一系列限制条件。我们在这里不进一步给出这些限制条件。

条件道义模型中，$R_\psi wv$ 意味着，相对于 $w$ 而言，$v$ 是在令 $\psi$ 为真的可能世界中道义最优的一个。直观上，对任意世界 $w$，$R_\psi$ 关系把所有可能世界分成层叠的球形，最里层以 $w$ 为核心，越靠近里层的可能世界是道义越优的可能世界。

第 8 章将要介绍的条件句逻辑的模型与条件道义模型类似。读者在学习条件句逻辑后，可以回到这里，尝试补足条件道义模型的定义。

条件道义算子的语义定义如下：

- $w \models O(\varphi/\psi)$，当且仅当，对所有 $v$ 使得 $R_\psi wv$，有 $v \models \varphi$。

标准道义逻辑中的道义算子 $O$ 可以在条件道义逻辑中定义出来：$O(\varphi) =_{df}$

$O(\varphi/True)$，其中 $True$ 是一个重言式。因此，条件道义逻辑的表达力强于标准道义逻辑。

**练习 7.4** 使用条件道义逻辑形式化例 7.4，并说明形式化后的 4 个公式是一致的。

# 第 8 章　条件句逻辑

哲学逻辑可大致分为两大类：数理逻辑的扩展和数理逻辑的修正（见本书 1.4节）。前面章节介绍的真势模态逻辑、认知逻辑、时态逻辑、道义逻辑等都属于第一类哲学逻辑，即对数理逻辑的扩展。它们扩展经典命题逻辑的语言以获得更多的表达力，从而可以刻画必然、可能、相信、知道、将来、过去、应当、允许等概念。这些逻辑完全保留了经典命题逻辑的定义、公理、规则和性质。经典命题逻辑中有效的公式和规则，在这些逻辑中也是有效的。

图 8.1　刘易斯

本书的剩余章节将介绍几种第二类的哲学逻辑，即对数理逻辑的修正。这些逻辑依据各自的目的，在不同的方面否定了经典命题逻辑的某些推理方式。

本章介绍条件句逻辑（conditional logic）。条件句逻辑，顾名思义，是为刻画条件句而创立的逻辑。并不存在一种大家公认的、可称之为标准条件句逻辑的逻辑理论。在条件句逻辑中，占主流地位的是美国哲学家、逻辑学家刘易斯（David K. Lewis，1941~2001 年）和斯托纳克（Robert C. Stalnaker，生于 1940 年）以可能世界模型为基础的条件句逻辑。本章介绍条件句逻辑的一种主要形式。

刘易斯是 20 世纪最有影响力的哲学家之一。刘易斯涉猎极广，在逻辑学、分析哲学、心灵哲学、形而上学、认识论、美学等领域都有引导性的成就。他最具争议性也最著名的哲学观念，与模态逻辑密切相关。刘易斯认为，可能世界不仅仅是人头脑设想的东西。可能世界是真实存在的实体。我们的现实世界只是真实存在的许多可能世界中的一个。这种有些极端的观点难以为哲学界接受。

在逻辑学方面，刘易斯最重要的贡献就是他的反事实条件句理论，以及基于这种理论的条件句逻辑。

刘易斯的反事实条件句理论本身是一种因果关系的解释理论。哲学史上的多数时期，因果关系在主流哲学里通常作为一个不可还原的基本概念。直到 18 世纪哲学家休谟提出了他基于经验论的恒常联系理论，把因果关系解释还原为事件间的恒常联系这种经验现象。此后 200 多年间，休谟的解释是占据统治地位的因果关系理论。20 世纪以来，刘易斯的反事实条件句理论取代了休谟的恒常联系理论，成为最流行的因果关系理论。按照刘易斯的理论，因果关系就是反事实条件句的链条。

## 8.1　实质蕴涵及其问题

条件句即结构为"如果……那么……"的语句，它是自然语言中最重要、最常见的语句之一。

一般来说，命题逻辑是学习逻辑学的学生接触到的第一个逻辑。常用的命题连接词 ¬、∨、∧ 和 → 是学习命题逻辑初始阶段的重要内容。学习者通常可以很快地接受命题连接词 ¬、∨ 和 ∧：

| $\varphi$ | $\neg\varphi$ |
|---|---|
| 0 | 1 |
| 1 | 0 |

| ∨ | 0 | 1 |
|---|---|---|
| 0 | 0 | 1 |
| 1 | 1 | 1 |

| ∧ | 0 | 1 |
|---|---|---|
| 0 | 0 | 0 |
| 1 | 0 | 1 |

它们分别对应于自然语言中的"非"、"或者"和"并且"。这三个命题连接词的语义定义十分契合它们在自然语言中的含义。¬ 使得真命题变为假命题，假命

题变为真命题；∨ 使得两者之一为真即可保证整个命题为真；∧ 使得两者都为真才能保证整个命题为真。

在经典命题逻辑中，条件句被形式化为蕴涵连接词。数理逻辑的创始人弗雷格和罗素认为，条件句"如果 $A$ 那么 $B$"是真的，意味着"$A$ 真 $B$ 假"是假的。按照这个观点，我们得到经典命题逻辑的蕴涵真值表如下：

| $\rightarrow$ | 0 | 1 |
|---|---|---|
| 0 | 1 | 1 |
| 1 | 0 | 1 |

这个蕴涵连接词 $\rightarrow$ 被称为实质蕴涵（material implication）连接词。实质蕴涵有它的优点。首先，实质蕴涵是一个真值函项，形式上简单易处理；其次，实质蕴涵与其他命题连接词之间有相互可定义的关系（见 2.2 节）；最后，实质蕴涵适合于形式化数学证明中使用的条件句（至少弗雷格、罗素和怀特海如此认为）。

弗雷格本人已经认识到，自然语言中的有些条件句不能用实质蕴涵形式化。数理逻辑的初学者通常困扰于实质蕴涵连接词。它的语义定义似乎和自然语言中的条件句"如果……那么……"并不一致。

按照 $\rightarrow$ 的真值表，前件为假的条件句一定为真，后件为真的条件句一定为真。实质蕴涵连接词的真值表可以总结为：假命题蕴涵一切命题；真命题被一切命题蕴涵。但是，这个口诀对自然语言中的条件句显然是错误的。

**例 8.1**　考察下面两个句子：

- 如果太阳系的中心是地球，那么中山大学在中山市。（前件为假）

- 如果 1+1=3，那么海水是咸的。（后件为真）

上面的两句话是否正确？任何没有受过逻辑学训练、具有基本判断能力的普通人都会马上得到结论：这两句话是错误的。但是，按照实质蕴涵的真值表，它们都是正确的。前者的前件"太阳系的中心是地球"为假，后者的后件"海水是咸的"为真。所以，这两个条件句为真，与条件句中另一半是什么、另一半的真假完全无关。把另一半替换为任何句子都不会影响整个条件句的真假，例如：

- 如果本书的作者是外星人，那么海水是咸的。

- 如果海水是甜的，那么海水是咸的。

所谓实质蕴涵悖论，就是这样的一些由实质蕴涵连接词构建的公式，虽然这些公式是命题逻辑的重言式，但是它们都有违背直觉的实例。逻辑学家提出了很多实质蕴涵悖论的形式。下面是一些重要的例子。

我们使用一个公式表达"假命题蕴涵一切命题"如下：

**1** $(\varphi \land \neg\varphi) \to \psi$

公式 1 的前件 $(\varphi \land \neg\varphi)$ 是一个永假的矛盾式，后件是任意公式。

我们使用公式 2 表达"真命题被一切命题蕴涵"：

**2** $\psi \to (\varphi \lor \neg\varphi)$

公式 2 的后件是永真的重言式 $(\varphi \lor \neg\varphi)$，前件是任意公式。公式 1 和公式 2 是实质蕴涵悖论的两种形式。

实质蕴涵悖论可以更复杂的形式出现。下面是一些自然语言中的句子，使用命题逻辑形式化这些句子后得到的公式是命题逻辑的重言式。但是，这些句子在自然语言中明显是错误的。

"如果同时打开开关 x 和开关 y 则灯亮，那么，要么打开 x 则灯亮，要么打开 y 则灯亮"，形式化为：

**3** $((\varphi \land \psi) \to \chi) \to ((\varphi \to \chi) \lor (\psi \to \chi))$

"如果，我在中山大学则我在广州，并且，我在北京大学则我在北京，那么，要么我在中山大学则我在北京，要么我在北京大学则我在广州"，形式化为：

**4** $((\varphi \to \chi) \land (\psi \to \alpha)) \to ((\varphi \to \alpha) \lor (\psi \to \chi))$

"如果"我是个好学生则我按时上课"为假，则我是个好学生"，形式化为：

**5** $\neg(\varphi \to \psi) \to \varphi$

"如果，若不下雨我就去踢球，那么，若不下雨并且我腿断了我就去踢球"，形式化为：

**6** $(\varphi \to \psi) \to ((\varphi \land \chi) \to \psi)$

"如果他弃权则我获胜；如果我获胜则他会失望。那么，如果他弃权则他会失望"，

形式化为:

**7** $(\varphi \to \psi) \land (\psi \to \chi) \to (\varphi \to \chi)$

"如果我们开车则车不会坏在路上，那么，如果车坏在路上则我们没有开车"，形式化为:

**8** $(\varphi \to \psi) \to (\neg \psi \to \neg \varphi)$

文献中可找到更多形式的实质蕴涵悖论。如此看来，实质蕴涵连接词，以及使用实质蕴涵连接词的命题逻辑，似乎不是一种恰当的形式化的方式。

逻辑学家奉命题逻辑为经典逻辑，并不是因为他们头脑古怪、思维异于常人。使用命题逻辑形式化前文中自然语言的句子，之所以会产生违背直觉的悖论，是因为命题逻辑原本就不适合使用于此类场合。命题逻辑是数理逻辑，它是"数学的逻辑"，它的目的是形式化地表达数学中使用的推理方式。在数学推理中，"假命题蕴涵一切命题；真命题被一切命题蕴涵"是有效的推理模式。

构建契合日常语言中条件句的逻辑系统，这是条件句逻辑的任务。

**例 8.2**　逻辑学家很早就注意到了实质蕴涵的问题，并提出了各种解决方法。下面是早期提出的一种方案。

定义<u>严格蕴涵</u> 连接词 $\rightarrowtail$ 如下:

- $\varphi \rightarrowtail \psi =_{df} \Box(\varphi \to \psi)$，其中 $\to$ 是实质蕴涵连接词，$\Box$ 是模态必然算子。

$\to$ 和 $\Box$ 是模态逻辑中的句法符号。严格蕴涵不是一个独立的连接词，它是在真势模态逻辑 $S5$ 中定义出来的。我们也可以直接定义严格蕴涵的语义定义，只需要把 $\Box(\varphi \to \psi)$ 的语义含义展开即可:

- $\mathfrak{M}, w \models \varphi \rightarrowtail \psi$，

  当且仅当，$\mathfrak{M}, w \models \Box(\varphi \to \psi)$

  当且仅当，对任意 $v$ 使得 $Rwv$ 有，$\mathfrak{M}, v \models \varphi \to \psi$。

  当且仅当，对任意 $v$ 使得 $Rwv$ 有，如果 $\mathfrak{M}, v \models \varphi$ 则 $\mathfrak{M}, v \models \psi$。

严格蕴涵来源于这样的想法，即条件句要为真，其前件和后件之间应该具有某种必然的联系。如"如果你不喝水，你就会渴死"。这种必然的联系使用必然算子 $\Box$ 表达。前文中的例子，如"如果 1+1=3，那么海水是咸的"之所以是错误的，是

因为它的前件和后件之间缺乏这种必然联系。

**练习 8.1** 验证：使用严格蕴涵连接词替换实质蕴涵连接词后，公式 3、公式 4 和公式 5 不再是重言式。

除例 8.2 中定义的严格蕴涵，逻辑学家提出过多种形式化条件句的逻辑理论，有的使用不同的方式解释严格蕴涵，有的使用多值逻辑而不是二值逻辑，有的使用概率语义，等等。其中，影响最大的，也就是我们现在称之为条件句逻辑的理论。这种条件句逻辑基于变种的可能世界语义。

## 8.2  条件句逻辑的句法

条件句逻辑以与经典命题逻辑不同的方式处理蕴涵连接词。条件句逻辑使用与经典命题逻辑相同的符号表，附加一个条件句蕴涵连接词 $>$。条件句逻辑的公式由以下规则生成：

$$\varphi ::= p \mid \neg\varphi \mid \varphi \vee \varphi \mid \varphi \wedge \varphi \mid \varphi \rightarrow \varphi \mid \varphi > \varphi$$

$\neg, \vee, \wedge, \rightarrow$ 是经典命题逻辑的连接词。它们之间有如 2.2 节和 3.2 节中所示的相互可定义关系。在条件句逻辑中，我们将使用不同的方式理解蕴涵连接词 $>$。因此，连接词 $>$ 与其他连接词之间没有简单的相互可定义关系。

## 8.3  反事实条件句和可能世界

条件句可分为直陈（indicative）条件句和反事实（conterfactual）条件句。直陈条件句是前件为真或者前件与我们的已有信念一致的条件句。反事实条件句是前件为假或前件与我们的已有信念不一致的条件句。反事实条件句在英语里用虚拟语气表达。按照实质蕴涵，任何反事实条件句无条件为真（因为其前件为假）。这一点显然是违背直觉的。

**例 8.3**  下面是一个著名的用于区分直陈条件句和反事实条件句的例子。

（1）  如果希特勒没有自杀，那么别人刺杀了他。（If Hitler did not kill him-self, then someone else did）

（2）　如果希特勒没有自杀，那么别人会刺杀他。（If Hitler had not killed himself, then someone else would have）

这两个句子有些相似，但它们的含义是不同的。句子（1）是直陈条件句。它表明它的前提希特勒没有自杀是一个事实。后者是反事实条件句。它隐含的前提是事实上希特勒为自杀，但我们假设它的否定成立。在英语中，反事实条件句使用虚拟语气表达，可以清楚地看到直陈条件句和反事实条件句的差别。

反事实条件句表达了在某种与事实不符的情况下的世界的样子。直观上，反事实条件句的真值应该与不是现实世界的其他可能世界相关。

例 8.3（2）是反事实条件句。在现实世界中，希特勒自杀身亡，即"希特勒没有自杀"在现实世界中为假。可能存在某些可能世界，使得"希特勒没有自杀"为真。句子（2）可以被进一步解读为：

（2'）　在奥斯卡没有刺杀肯尼迪的可能世界里，肯尼迪被别人刺杀。

由于现实世界也是可能世界之一。我们也可以使用类似的方式解读直陈条件句。例 8.3 的句子（1）可以被进一步解读为：

（1'）　现实世界中，希特勒没有自杀，别人刺杀了他。

反事实条件句的真值与其他可能世界相关。下一个问题是，与哪些可能世界相关？我们来考察一个更简单的例子。假设事实上正在下雨。则句子（3）是一个反事实条件句。

（3）　如果不下雨，那么我就去踢球。

我们可以进一步把句子（3）解读为：

（4）　在不下雨的可能世界里，我会去踢球。

句子（3'）的意义有些含混。首先，它可以理解为如下的句子吗？

（4'）　在所有 不下雨的可能世界里，我会去踢球。

显然，答案是否定的。在一个不下雨并且我的腿骨折的可能世界里，我不会去踢球。

所以，句子（4）进一步明确的含义是：

（5）　在某些 不下雨的可能世界里，我会去踢球。

那么，这里的"某些"可能世界，指的是哪些可能世界？

我们在现实世界中说出的一个简单的条件句。它通常总是包含大量的隐含的条件。句子（3）的完整含义应该是：

（6）　如果不下雨，并且我没有骨折、并且球场开放、并且火星人没有入侵、并且地球没有毁灭……那么我就去踢球。

没有骨折、球场开放、火星人没有入侵、地球还在，这些条件事实上是"我去踢球"需要的前提条件。但在日常语言里我们没有必要也不可能把所有这些条件全部陈述出来。日常语言不需要这样的精确性。句子（6）不是一个合法的句子，因为它可能无穷长。我们可以把句子（6）写为：

（7）　在不下雨，并且所有的隐含条件都被满足的可能世界里，我会去踢球。

这些隐含条件有以下三个特征：

（i）　它们在现实世界里都为真。

（ii）　它们的列表是开放的，我们无法把它们全部枚举出来。

（iii）　这些隐含条件与条件句的前件相关。

所有这些无法全部枚举的隐含条件，我们把它们全体称为 $CP$ 条件。$CP$ 是拉丁语 *Ceteris Paribus* 的简称，它的意思是"其他条件保持不变"（other things being equal）。由此，句子（7）可被进一步写为：

（8）　在不下雨，并且 $CP$ 条件为真的可能世界里（其他条件与现实世界保持不变的可能世界里），我会去踢球。

隐含条件的第三个特征说，这些隐含条件包含哪些句子与条件句的前件相关，即与"不下雨"相关。如果条件句的前件是"不下雨"，则这些隐含条件可能包含"火星人没有入侵"；如果条件句的前件是"火星人的飞碟登陆了"，则这些隐含条件中不应该包含"火星人没有入侵"。所以，这个 $CP$ 条件应该更准确地写为 $CP_\varphi$，其中 $\varphi$ 是条件句的前件，以标明该条件与 $\varphi$ 相关。由此，句子（8）可以进一步写为：

（9）　在不下雨，并且 $CP_\varphi$ 条件为真的可能世界里（其中 $\varphi$ 是"不下雨"），我会去踢球。

我们来进一步解读"不下雨，并且其他条件保持不变"的含义。它不是说，不下雨，并且所有其他命题的真值都保持不变。因为"下雨"这个命题的真值改变了（由真变假），其他一部分命题的真值也必将随之改变。如"下雨并且 2>1"的真值由真变为假。我们同样无法完全列举有哪些命题的真值随之改变了。但我们可以用"不下雨，并且其他条件尽可能多地保持不变"表达，除了受"下雨"的真值改变影响的那些命题外，所有其他命题的真值都保持不变。由此，我们有

（10）　在不下雨，并且其他条件尽可能多地（与现实世界相比）保持不变的可能世界里，我会去踢球。

最后，我们可以使用一个简单的、常用的概念来替代这个"其他条件尽可能多地（与现实世界相比）保持不变的可能世界"。这些可能世界，就是与现实世界最相似的那些可能世界。我们有

（11）　在不下雨，并且与现实世界最相似的那些可能世界里，我会去踢球。

通过从句子（3）出发进行一系列的概念解释和句子分析，我们得到了句子（11）。句子（11）是对句子（3）的解读。条件句逻辑的模型和语义将根据这种解读来定义。

一般地，公式 $\varphi > \psi$ 在可能世界 $w$ 为真，意味着

（12）　在令 $\varphi$ 为真，并且与现实世界 $w$ 最相似的那些可能世界上，$\psi$ 为真。

## 8.4　条件句逻辑的模型和语义

上文中对条件句的分析，可以用图 8.2 表示，其中 $w$ 是现实世界。按照与 $w$ 的相似程度，把所有可能世界分为围绕 $w$ 的层次。最内圈的可能世界，即与 $w$ 最相似的可能世界，只有一个，就是 $w$ 自己。在第二圈的可能世界是与 $w$ 次相似的可能世界。以此类推，处于最外圈的可能世界是最不像 $w$ 的。按照是否令 $\varphi$ 为真，所有可能世界可分为两部分。图 8.2 中由竖线分为两部分。落在竖线左边的可能世界上 $\varphi$ 为假，落在竖线右边的可能世界上 $\varphi$ 为真。

按照我们的分析，公式 $\varphi > \psi$ 在 $w$ 为真，即在令 $\varphi$ 为真，并且与 $w$ 最相似的可能世界上，$\psi$ 都为真。图 8.2 中阴影是由令 $\varphi$ 为真且最靠近内圈的可能世界

组成，即令 $\varphi$ 为真且 $w$ 最相似的可能世界。因此，$\varphi > \psi$ 在 $w$ 为真的语义条件是，图 8.2 中阴影中的可能世界上，$\psi$ 都为真。

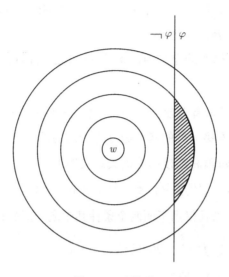

图 8.2　球模型

条件句逻辑的模型称为球模型，定义如下：

**定义 8.1**　一个<u>球模型</u>是一个三元组 $\mathfrak{M} = (W, f, V)$，其中

- $W$ 是一个非空的可能世界的集合，

- $V : P \times W \to \{0, 1\}$ 是一个赋值函数，

- $f : W \to \mathcal{P}(\mathcal{P}(W))$ 是一个函数，映射任一可能世界到一个非空的可能世界集合的集合，并且对任意可能世界 $w$ 以下条件成立：

    - (nest) 对任意 $S, T \in f(w)$，$S \subseteq T$ 或者 $T \subseteq S$。

    - (cent) $\{w\} \in f(w)$。

    - (union) 对任意 $X \subseteq f(w)$，$\bigcup X \in f(w)$。

    - (intersection) 对任意 $X \subseteq f(w)$ 且 $X \neq \varnothing$，$\bigcap X \in f(w)$。

对任意可能世界 $w$，$f(w)$ 是由一系列（可能无穷多个）按大小排列的可能世界的集合，以 $\{w\}$ 为核心：$\{w\} = S_0^W \subseteq S_1^W \subseteq \cdots \subseteq W$。

直观上，按照集合的包含关系，它们使得可能世界构成一个以 $w$ 为核心的层叠的球形。越靠近核心的层级，其中包含的是与 $w$ 越相似的可能世界。显然，与 $w$ 最相似的可能世界是 $w$ 自己，所以，球形的中心层（第 0 层）是一个只包含一个可能世界 $w$ 的单集。第 1 层包含除 $w$ 外与 $w$ 最相似的可能世界。第 2 层包含与 $w$ 次相似的可能世界，依此类推。

**练习 8.2**　在球模型的定义中，条件（union）和（intersection）的作用是什么？

条件句逻辑只重新解释蕴涵连接词，不更改其他命题连接词的解释。因此，条件句逻辑中，除蕴涵连接词外的其他命题连接词的语义定义与经典命题逻辑中的定义相同。条件句逻辑蕴涵连接词的语义定义如下：

**定义 8.2**　令 $\mathfrak{M} = (W, f, V)$ 是一个球模型，$w \in W$，则

$\mathfrak{M}, w \models \varphi > \psi$，当且仅当下面两个条件其中之一成立：

（1）　对任意 $v \in \bigcup f(w)$，$\mathfrak{M}, v \not\models \varphi$。

（2）　存在 $S \in f(w)$，使得

（a）存在 $s \in S$ 使得 $\mathfrak{M}, s \models \varphi$；

（b）对任意 $v$ 使得 $v \in S$ 且 $\mathfrak{M}, v \models \varphi$，有 $\mathfrak{M}, v \models \psi$。

条件句逻辑中的有效公式（重言式）按通常方式定义。

我们可以把球模型等价地转换为一个标准的克里普克模型。可能世界间的二元关系 $R$ 由给定公式 $\varphi$ 和球模型中的函数 $f$ 定义。我们记这个二元关系为 $R_\varphi$。直观上，$R_\varphi wv$ 意味着，以 $w$ 为核心的球模型中（图 8.2），$v$ 是阴影中的一个可能世界。直接由 $f$ 定义 $R_\varphi$ 关系如下：

- $R_\varphi wv$，当且仅当，$\mathfrak{M}, v \models \varphi$ 且 $v \in S$，其中 $S \in f(w)$ 使得存在 $s \in S$ 且 $\mathfrak{M}, s \models \varphi$，并且对任意 $T \in f(w)$ 且 $T \subset S$，对任意 $t \in T$ 有，$\mathfrak{M}, t \not\models \varphi$。

我们也可以通过给出 $R_\varphi$ 关系需要满足的条件来定义 $R_\varphi$：

**定义 8.3**　一个条件句逻辑模型是一个三元组 $(W, \{R_A \mid A\ is\ a\ formula\}, V)$，其中 $W$ 是一个非空的可能世界的集合，$V$ 是通常的模态赋值函数，$R_A$ 是 $W$ 上的二元关系使得以下条件成立：

（1）　如果 $R_A wv$，则 $v \models A$。

(2) 如果 $w \models A$，则 $R_A w w$。

(3) 如果存在 $w'$ 使得 $w' \models A$，则对任意 $w$，存在 $v$ 使得 $R_A w v$。

(4) 如果不存在 $w'$ 使得 $w' \models A$，则对任意 $w$，不存在 $v$ 使得 $R_A w v$。

(5) 如果，若 $R_A w v$ 则 $v \models B$，且若 $R_B w v$ 则 $v \models A$，则 $R_A w v$ 当且仅当 $R_B w v$。

(6) 如果存在 $v$ 使得 $R_A w v$ 且 $v \models B$，则若 $R_{A \wedge B} w v$ 则 $R_A w v$。

(7) 如果 $w \models A$，则，若 $R_A w v$ 则 $v = w$。

注意，任意公式 $\varphi$ 都有对应的二元关系 $R_\varphi$。因此，该模型中有可数无穷多个二元关系。

蕴涵连接词可以等价地定义在这个模型上：

- $\mathfrak{M}, w \models \varphi > \psi$，当且仅当，对任意 $v$ 使得 $R_\varphi w v$ 有，$\mathfrak{M}, v \models \psi$。

条件道义逻辑（见 7.6 节）的模型也是一个球模型。条件道义逻辑模型使用了相对最优的可能世界概念。"相对最优"与这里的"最相似"虽然是不同的概念，但它们的形式结构是一样的，都构成一个球模型。7.6 节使用了二元关系来定义球模型。它与本节中直接定义的球模型是相互可替换的定义方法。有兴趣的读者可以尝试补足或给出条件道义逻辑的模型和语义定义。

我们在 8.1 节介绍了八种实质蕴涵悖论。它们都是命题逻辑的重言式，但是却都有违反直观的反例。使用条件句逻辑中的蕴涵替换实质蕴涵，可以消除部分实质蕴涵悖论。

首先，条件句逻辑不能消除悖论（1）和悖论（2）。悖论（1）即 $(\varphi \wedge \neg\varphi) > \psi$。因为 $(\varphi \wedge \neg\varphi)$ 在任意可能世界为假，由定义 8.2（1）可得，$(\varphi \wedge \neg\varphi) > \psi$ 在任意模型、任意可能世界为真。悖论（2）即 $\psi > (\varphi \vee \neg\varphi)$。因为 $(\varphi \vee \neg\varphi)$ 在任意可能世界为真，自然在任意令 $\psi$ 为真且与当前世界最相似的可能世界中为真。由定义 8.2（2）可得，$\psi > (\varphi \vee \neg\varphi)$ 在任意模型、任意可能世界为真。

因此，（1）和（2）两个公式在条件句逻辑中仍是有效的公式。这一点并不令人奇怪。（1）的含义是矛盾蕴涵一切，（2）的含义是重言式被一切蕴涵。直观上，一个条件句的后件要和前件相关。因为前件为真，所以后件才为真。悖论（1）和悖论（2）不被接受，正是因为其前件与后件无关。条件句逻辑并不处理这个相关性的问题。哲学逻辑中，相干逻辑（relevance logic）是探讨条件句前后件相关性的逻辑。我们将在第 11 章介绍相干逻辑。

可以验证，条件句逻辑消除掉了悖论（3）～（8），它们对应的公式在条件句逻辑中都不是有效的公式。以悖论（3）即 $((\varphi \wedge \psi) \to \chi) \to ((\varphi \to \chi) \vee (\psi \to \chi))$ 为例。在可能世界 $w$，$(\varphi \wedge \psi) \to \chi$ 为真，需要在任意令 $(\varphi \wedge \psi)$ 为真且与当前世界最相似的可能世界中 $\chi$ 都为真（如第 3 层的某些可能世界）。而后件的两个析取支，分别意味着在任意令 $\varphi$（$\psi$）为真且与当前世界最相似的可能世界中 $\chi$ 都为真（如第 2 层的某些可能世界）。一般情况下，前后两者选出的球模型的层次可能不同，所以前件和后件的真值没有必然联系。

**练习 8.3**　验证：悖论（4）～（8）中的公式都不是条件句逻辑中的有效公式（使用条件句蕴涵替换实质蕴涵）。

## 8.5　条件句逻辑的公理系统

刘易斯给出的条件句逻辑的公理系统 $VC$ 由以下公理和规则组成：

**Taut**：　所有命题重言式

**ID**：　$\varphi > \varphi$

**MOD**：　$(\neg \varphi > \varphi) \to (\psi > \varphi)$

**MP**：　$(\varphi > \psi) \to (\varphi \to \psi)$

**CS**:　$(\varphi \wedge \psi) \to (\varphi > \psi)$

**CSO**：　$((\varphi > \psi) \wedge (\psi > \varphi)) \to ((\varphi > \chi) \leftrightarrow (\psi > \chi))$

**CV**：　$((\varphi > \psi) \wedge \neg (\varphi > \neg \chi)) \to ((\varphi \wedge \chi) > \psi)$

**分离规则**：　$\varphi, \varphi \to \psi \, / \, \psi$

**RCEC**：　$(\varphi \leftrightarrow \psi) \, / \, (\chi > \varphi) \leftrightarrow (\chi > \psi)$

**RCK**：　$(\varphi_1 \wedge \cdots \wedge \varphi_n) \to \psi \, / \, ((\chi > \varphi_1) \wedge \cdots \wedge (\chi > \varphi_n)) \to (\chi > \psi), \, n \geqslant 0$

**定理 8.1**　公理系统 $VC$ 对于球模型上的条件句逻辑语义是可靠的和完全的。

# 第 9 章　直觉主义逻辑

本章介绍直觉主义逻辑。

从直觉主义这个名字可以看出，这是一种比较特殊的逻辑。通常，一个逻辑用于讨论一个概念的性质，例如，认知逻辑讨论知识和信念，时态逻辑讨论时间，等等。直觉主义有"主义"这个后缀，代表它不是一个概念，而是一种理论观点。直觉主义不是讨论"直觉"这个概念的理论。直觉主义是数学中一种研究纲领和方法论。直觉主义逻辑是形式化"直觉主义数学"中使用的推理模式而形成的逻辑理论。直觉主义是一种数学理论，也是数学哲学中影响广泛的哲学理论。

直觉主义数学的创始人是荷兰数学家、哲学家布劳威尔（Luitzen Egbertus Jan Brouwer，1881~1966 年）。直觉主义逻辑的创始人是布劳威尔的学生——荷兰数学家、逻辑学家海廷（Heyting，1898~1980 年）。海廷尝试将布劳威尔的数学研究方法，即直觉主义的方法形式化为逻辑理论，最后得到直觉主义逻辑。他的直觉主义逻辑是基于所谓的布劳威尔–海廷–柯尔莫哥洛夫（Brouwer，Heyting，Kolmogorov，BHK）释义。有趣的是，海廷出于对布劳威尔的尊敬而把 BHK 释义冠以其名，但布劳威尔本人事实上反对直觉主义逻辑的工作。布劳威尔原则上反对对他的数学理论的形式化。

图 9.1　海廷

## 9.1　数学确定性的丧失

数学定理为什么是真的？数学是否具有确定性？数学确定性的基础是什么？这些问题是数学哲学，尤其是近现代数学哲学探究的核心问题。

数学是自然科学的基础，是纯粹科学的典范。在普通人的常识认识中，数学当然是最具有确定性的学科。如果数学是不确定的、有错误的，那么其他科学学科将是更不确定的和有错误的。一方面，我们对数学的确定性有最高的要求；另一方面，数学研究中发现的问题动摇了我们对数学确定性的信仰。数学史学家总结了数学历史中出现的几次对数学确定性的冲击，称它们为数学危机。

### 9.1.1   无理数的发现

古希腊哲学家、数学家毕达哥拉斯（Pythagoras，公元前 570～ 前 495 年）学派认为，数是万物的本源，世界的条理性、协调性来源于数的排列。他们也坚信，线段的长度和数字是对应的。毕达哥拉斯学派的希伯索斯发现了无理数。他发现，边长为 1 的正方形，其对角线的长度不能对应任何数字。现在我们知道，这个长度是一个无理数 $\sqrt{2}$。据说希伯索斯因为他的发现被扔进大海淹死。显然，对于毕达哥拉斯学派来说，无理数严重破坏了数学的协调性。这样一种数字，虽然我们可以讨论它们的性质，但我们永远不可能把它们明确写出来，也永远不可能知道它们到底是什么。这一点让有些人怀疑数学的真理性。

### 9.1.2   欧氏几何的第五公设问题

古希腊数学家欧几里得（Euclid，公元前 325～ 前 265 年）的《几何原本》是数学的典范。这本书从五条公设（公理）出发，证明了大量平面几何的定理。前四条公设相对简单，几乎无人质疑它们的确定性。第五公设则比较复杂。与欧几里得第五公设等价的最常见的表述是：过直线外一点有一条且只有一条直线与这条直线平行。严格的数学家质疑第五公设不是不证自明的，从而不能作为平面几何的公理。欧几里得之后的两千多年里，大批数学家尝试过使用前四条公设推导出第五公设，无人成功。俄罗斯数学家罗巴切夫斯基（Nikolay Ivanovich Lobachevsky，1792~1856 年）是失败者之一。

罗巴切夫斯基在失败之后，尝试考虑另一个问题。他使用另一条公设替代第五公设，然后考察得到的平面几何系统的性质。罗巴切夫斯基的公设是：过直线外一点有至少两条直线与这条直线平行。这个新的平面几何系统就是罗氏几何。研究发现，罗氏几何仍然是一个内容丰富、应用广泛的几何系统，而且罗氏几何是无矛盾的（如果假设欧氏几何是无矛盾的）。罗巴切夫斯基的发现在他生前并未受人重视，事实上，他为此受到了数学界的非难、攻击甚至迫害。

罗巴切夫斯基的遭遇，至少部分原因在于，罗氏几何严重破坏了数学的确定性。欧氏几何和罗氏几何是相互矛盾的。如果两者都是数学，那么我们如何能称一对矛盾的东西都是真理呢？

德国数学家黎曼（Georg Friedrich Bernhard Riemann，1826~1866 年）使用类似的方式定义了黎曼几何。他使用的公设是：过直线外一点没有任何直线与这条直线平行。黎曼几何以同样的方式伤害了我们对数学确定性的信仰。

### 9.1.3　无穷小概念

无穷小的概念在古希腊数学中已经有所使用。但对它的使用是零散和含混的，并且伴随着大量的批评。在莱布尼茨和牛顿（Isaac Newton，1643~1727 年）创立微积分学之后，无穷小的概念问题变得尖锐了。尤其是莱布尼茨和牛顿当时并没有给出无穷小概念的严格的数学定义。

微积分具有强大的处理问题的能力。数学几乎不得不接纳这个新的成员。无穷小是微积分最基础的概念。这个概念具有的含混性，导致大批当时最好的数学家拒绝接受它，包括欧拉、拉格朗日等。与无理数类似，有学者认为，这个概念影响了数学作为确定性科学的地位。直到 19 世纪后期，数学家才得到了我们现在使用的、"无穷小"的严格数学定义。

### 9.1.4　罗素悖论

罗素悖论参见本书的 2.1 节。

数学的确定性是一般科学确定性的基础。对数学确定性的信仰，存在于科学家及乐于思考之人的深层次情感中。影响这种确定性的研究自然引起社会与科学界的反弹。也许正因为数学在一定程度上成为一种信仰，作为最纯粹的自然科学分支，数学史上曾经有过不少的迫害事件。发现无理数的希伯索斯据说被扔进大海淹死，也有传说是因为惊恐而自戕。被称为"几何学的哥白尼"的罗巴切夫斯基，他的几何学论文被刻意地冷淡和轻慢，仅仅因为他担任喀山大学的校长，才发表在大学自有的期刊。事实上，罗巴切夫斯基最终失去了他的职位包括大学的教职。高斯其时已经是学界泰斗。高斯自己已经独立研究非欧几何。但由于过于担忧可能的反对，生前未敢把他的研究公之于世。高斯对罗巴切夫斯基的研究极为赞赏，甚至为了读他的论文去学习俄语。但高斯在罗巴切夫斯基遭遇诘难时，选

择了保持沉默。另一个典型的例子是集合论的创始人康托尔。众所周知，康托尔
一生被学界排斥而不得志，最终殁于精神病院。

以上种种不该发生的事件，从一个侧面说明，数学的确定性对数学家，以及
对一般科学家的重要性。面对着数学危机和数学确定性的丧失，19 世纪后期和 20
世纪早期，很多学者都有种拯救数学的使命感。希尔伯特曾说："如果数学失败了，
人类的精神也会失败。"

数学家和哲学家开始了重塑数学确定性的工作，其中产生重要影响的是所谓
数学哲学的三大流派，分别是形式主义、逻辑主义和直觉主义。

### 9.1.5　形式主义

形式主义的代表人物是 19 世纪末 20 世纪初德国数学家希尔伯特（David
Hilbert，1862~1943 年）。希尔伯特是一位在几乎所有数
学领域都有杰出成就的数学大师。希尔伯特在泛函分析、
公理化几何、代数数论、数理逻辑、量子力学和广义相对
论数学基础等领域都有奠基性贡献。或许希尔伯特最为公
众所知的，是所谓希尔伯特 23 个最重要的数学开问题。希
尔伯特在世纪之交的 1900 年提出了 23 个数学问题。这
些问题吸引了大批数学家的研究。对这些问题的研究在一

图 9.2　希尔伯特

定程度上主导着一百多年来直到现代的数学研究。在数学家的努力下，这些问题
多数已被解决。《自然》杂志曾经这样评价：现在世界上很难有一位数学家的工作
不是以某种途径导源于希尔伯特的工作。

大多数数学家对待他们的数学工作持形式主义态度。形式主义放弃追求数学
的客观真理性。形式主义者不关心数学"事实上"是否是真的。他们仍然关心数
学的确定性，并为数学的确定性辩护。形式主义者认为，数学就是从公理出发推
导定理的活动。数学家的全部工作有两个：

（1）　确定公理系统并证明公理系统的一致性；

（2）　在公理系统内推导定理。

以数论（皮亚诺算术）系统为例。这是一个一阶语言，包括非逻辑符号 +（二元
函数符号，加）、×（二元函数符号，乘）、$S$（一元函数符号，后继）、0（常元，

零）。其公理系统由一阶谓词演算加上以下公理组成：

(1)  $\forall x(0 \neq Sx)$

(2)  $\forall x \forall y((Sx = Sy) \rightarrow (x = y))$

(3)  $\forall x((x + 0) = x)$

(4)  $\forall x \forall y((x + Sy) = S(x + y))$

(5)  $\forall x((x \times 0) = 0)$

(6)  $\forall x \forall y((x \times Sy) = ((x \times y) + x))$

(7)  $\forall y((\varphi(0, \vec{y}) \wedge \forall x(\varphi(x, \vec{y}) \rightarrow \varphi(Sx, \vec{y}))) \rightarrow \forall x \varphi(x, \vec{y}))$

所谓数论研究，就是在这个公理系统内推导定理。一个数论学者也许没有明确意识到这种公理系统的存在，但他事实上所做的研究工作是在这个系统内证明定理。

形式主义回避数学的真理性问题，仅尝试维护数学的确定性。按照形式主义观念，数学是否是真理是个无须回答的问题。数学是否是真理并不影响数学的确定性。数学毫无疑问地具有确定性的知识。数学的确定性不在于它的内容而在于它的方法。这种确定性在于数学家使用可靠的、无可置疑的方法在公理系统内推导定理。

例如，我们可以在数论系统中证明存在无穷多个素数。形式主义者并不关心，有无穷多个素数这个命题，它是否是事实上的真理。某些形式主义者认为此类问题没有意义。另外，形式主义者认为，有无穷多个素数，仍是一个确定性的命题。虽然我们不知道它是否是本质真的，但是，我们知道它可以确定性地从数论系统中证明。

在形式主义者看来，虽然欧氏几何与罗氏几何相互矛盾，但两者都是数学的一部分。它们都是在公理系统内使用正确、可靠的数学方法推导定理。

哥德尔不完全性定理的发现对形式主义是一个重大打击。哥德尔不完全性定理的一个推论表明：任何表达力等于或超过皮亚诺算术的数学系统，其一致性不能在该系统内得到证明。证明皮亚诺算术一致性的最简单方法，是说明它有一个模型（数论的标准模型 $(\omega, +, \times, S, 0)$）。然而，这个证明不能使用皮亚诺算术本身形式化。我们需要使用更强的逻辑，如 ZFC 集合论来形式化该证明。那么，我们实际得到的结果是，如果 ZFC 是一致的那么皮亚诺算术是一致的。当然，ZFC

的一致性不能在 ZFC 自身内得到证明。

形式主义的研究纲领要求首先证明公理系统的一致性，然后数学家就可以安全地在系统内证明定理。哥德尔不完全性定理表明，我们不能从根本上保证数学系统的一致性。那么，在可能不一致的系统中证明的定理，其确定性难以令人信服。

### 9.1.6　逻辑主义

逻辑主义的代表人物是英国哲学家、数学家、逻辑学家罗素（Bertrand Arthur William Russell，1872~1970 年）。罗素大概是近现代最为公众所知的学问大家。罗素在诸多相差很大的领域都获得了非同寻常的成就，甚至得过一次诺贝尔文学奖。在哲学上，罗素是分析哲学的主要创始人之一。罗素在形而上学、认识论、伦理学、政治哲学、哲学史、哲学教育，总而言之，差不多所有哲学的分支领域都有突出的贡献。罗素是哲学中逻辑主义的主要倡导者。在数学上，罗素的主要建树在数理逻辑方面。他的数学研究是对他逻辑主义哲学的实践。罗素与怀特海出版的三卷本

图 9.3　罗素

《数学原理》是数学史和哲学史上有重要影响的巨著，也是数理逻辑发展史的一个里程碑。罗素还是一位积极的社会活动家。《罗素–爱因斯坦宣言》是最著名的和平宣言之一。

数学可以还原为逻辑，这个观念可以上溯到莱布尼茨。莱布尼茨认为，逻辑规律是必然真理，在任何可能世界中都是正确的。数学真理也是必然真理，所以它们一定可由逻辑推出。弗雷格和罗素继承了这种观念。弗雷格毕生的研究集中于一个问题，即为数学提供可靠的逻辑基础，正是在这一过程中，他发现或定义了现代符号逻辑。弗雷格和罗素分别独立地使用逻辑概念（集合）定义了自然数。罗素进一步做了大量的基础性工作，尝试使用类型论把整个数学还原为逻辑。

逻辑主义者认为，逻辑是最具基础性、确定性的知识；纯粹数学可以还原为逻辑；数学概念可以还原为逻辑概念，数学定理可以还原为逻辑定理；逻辑是数学确定性甚至是数学真理性的牢靠的基础。事实上，现代符号逻辑最初就是作为数学基础而被创立的。

逻辑主义者认为，集合是一个逻辑概念，它来自于人的基本认知能力，即形成集合的能力。我们事实上可以使用集合概念表达任何数学概念，从而任何数学定理都可以还原为集合论定理。通过构造完善的集合理论，我们可以把数学还原、建立于逻辑学的基础之上。

集合论是由德国数学家康托尔（Georg Ferdinand Ludwig Philipp Cantor，1845~1918 年）创立的。康托尔开启了近现代数学对无穷集合、超越数等抽象对象的研究。由于超穷集合论缺乏直观的对应物，集合论最初被数学界排斥。康托尔本人也遭遇到长期的不公正的严厉攻击。康托尔最后因抑郁症死于精神病院。集合论最终成为数学的典范之一。希尔伯特说：我们屏息敬畏地自知在康托尔所铺展的天堂里，不会遭逢被驱逐出境。

公理化集合论则是在康托尔集合论的基础上产生的，是一门影响巨大的逻辑学分支学科。逻辑学家建立了多种公理化集合论系统，以作为数学基础的公理系统，其中影响最大的是前文提到过的 ZFC（含选择公理的策梅洛–弗兰克尔集合论，Zermelo-Fraenkel set theory with Choice Axiom）系统。ZFC 系统由一阶谓词演算加一些描述集合性质的公理组成（二元谓词 $\in$ 是唯一的非逻辑符号），包括自明的公理如：

图 9.4　康托尔

- （外延公理）　$\forall x \forall y (\forall z (z \in x \leftrightarrow z \in y) \to x = y)$
  两个外延相同的集合是同一个集合。

- （并集公理）　$\forall x \exists y \forall z \forall u ((z \in x) \wedge (u \in z) \to (u \in y))$
  任意集合 $x$ 的并集 $\bigcup x = y$ 是一个集合。

也包括个别不显然、但可以得到强有力辩护的公理如：

- （正则公理）　$\forall x (\exists z (z \in x) \to \exists y (y \in x \wedge \neg \exists u (u \in y \wedge u \in x)))$
  任意非空集合 $x$ 中存在一个成员 $y$ 使得 $x \cap y = \varnothing$。该公理保证任何集合按 $\in$ 关系可以在有穷步内降到空集，即不存在无穷序列 $x_n$ 使得对任意 $i$，$x_{i+1} \in x_i$（选择公理成立的情况下，该命题与正则公理等价）。

- （替代公理）　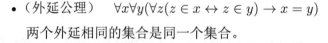

$z \wedge \varphi)))$，其中 $\varphi$ 中的自由变元有 $x, y, v, u_1, \cdots, u_n$。

替代公理保证，以集合 $x$ 为定义域的函数 $\varphi$ 总是将其映射到另一个集合内。

通常，我们可以接受这些公理是逻辑的、不证自明的。如果公理化集合论仅由此类公理组成，则在一定意义下公理化集合论可以作为数学的逻辑基础。数学定理的确定性来源于它们可以还原为可证的集合论定理。

但是，ZFC 系统中也包含并不为所有数学家都接受的选择公理。由于有些重要的数学定理依赖于选择公理，通常我们仍把它放进公理化集合论系统中。选择公理很难被作为一个自明的逻辑公理：

- （选择公理）　$\forall x(\varnothing \notin x \to \exists f(domain(f) = x \wedge range(f) = \bigcup x \wedge \forall y(y \in x \to f(y) \in y)))$。

  选择公理表明，任意由非空集合组成的集合 $x$，我们都可以从它的每个成员 $y$ 中选出一个 $y$ 中的成员。选择公理最常见的等价形式是：任意集合都可以排成一个良序（全序，并且任意子集都有最小元）。

即使我们可以接受选择公理为逻辑公理，也无法接受无穷公理的逻辑公理地位。

- （无穷公理）　$\exists x(\varnothing \in x \wedge \forall y(y \in x \to S(y) \in x))$，其中 $S(y) = y \cup \{y\}$。

  无穷公理中的 $x$ 是一个无穷集合。

无穷公理预设存在一个无穷集合，这种预设很难被认为是"逻辑的"。

### 9.1.7　直觉主义

直觉主义的代表人物是 19 世纪末 20 世纪初荷兰数学家布劳威尔。布劳威尔是直觉主义数学的创始人和旗手。布劳威尔基于直觉主义数学观念，重新审视经典数学，判别各个数学分支中有哪些定理不符合直觉主义，从而应从数学中驱逐出去，依次重构真正的数学，即直觉主义数学。布劳威尔在微积分、代数、初等几何等领域取得了相当的成功。他在拓扑学、测度论等领域也有突出的贡献。

布劳威尔原则上反对逻辑的基础地位。他认为逻辑并不是先验的不证自明的。不是数学依赖于逻辑，而是逻辑是从数学直觉中派生出来的，从逻辑的公理化方法中不会得到有真正数学价值的东西。自然，布劳威尔本人并不赞赏直觉主义逻辑的工作。

用一个纲领性的口号总结直觉主义，即一个对象存在当且仅当它可以在心灵中被构造。构造的含义，是通过明确的、有穷的思维步骤而产生的对象。数学是人类用构造性思维进行研究的一种科学，只有用构造性思维进行研究的才是数学。

布劳威尔认为，存在这种可能性，即存在一个数学命题，我们永远无法证明它，也无法证明它的否定。因此，我们不能一般性地使用排中律。布劳威尔提前几十年预言了哥德尔的不完全性结果。

图 9.5　布劳威尔

拒斥排中律是直觉主义者最具标志性的观念。按照传统的哲学及数学方法，我们可以通过否定一个实体的不存在来证明它的存在，即可以使用反证法。直觉主义者则认为，要证明 $\varphi$，我们必须真正构造出 $\varphi$ 的证明。仅从 $\neg\varphi$ 中得到矛盾，从而否定 $\neg\varphi$，并不能从中得到 $\varphi$ 成立。即我们不能一般性地承认 $\varphi$ 和 $\neg\varphi$ 两者之一成立。用逻辑的语言来说，排中律 $\varphi \vee \neg\varphi$ 不是重言式。直觉主义者认为反证法不是一种合法的数学方法。

既然存在就是被构造，由于一个无穷对象事实上不可能在心灵中被构造完成，直觉主义数学家不承认实无穷。他们认为，一个无穷集合，如所有自然数的集合，0 到 1 间的实数序列 $[0,1]$ 等概念不是合适的数学实体。直觉主义数学家使用潜无穷的概念替代实无穷。

直觉主义者认为，只有构造性证明才是合法的数学证明；存在性证明必须被构造性证明取代。要想证明 $\varphi$ 为真，唯一的方式是构造一个 $\varphi$ 的证明。下面是一个区分构造性证明和存在性证明的例子。

**例 9.1**　定理：存在无理数 $m$ 和 $n$ 使得 $m^n$ 是一个有理数。

**证明**　（非构造性证明）$\sqrt{2}$ 是无理数。假设 $\sqrt{2}^{\sqrt{2}}$ 是无理数。令 $m = \sqrt{2}^{\sqrt{2}}$，$n = \sqrt{2}$。则 $m^n = (\sqrt{2}^{\sqrt{2}})^{\sqrt{2}} = \sqrt{2}^{\sqrt{2} \times \sqrt{2}} = \sqrt{2}^2 = 2$，定理得证。假设 $\sqrt{2}^{\sqrt{2}}$ 是有理数。令 $m = \sqrt{2}$，$n = \sqrt{2}$。得证。□

对直觉主义数学家来说，上面的证明是一个存在性证明，因此不是一个合法的数学证明。合法的数学证明要求明确给出（构造出）两个无理数 $m$ 和 $n$ 使得

$m^n$ 是一个有理数。但是这个证明并没有明确 $m$ 到底是哪个数。该存在性证明仅要求初中数学基础。

它的构造性证明如下：

**证明**　（构造性证明 1）对任意可数的数的序列，都可以构造一个无理数 $x$，使得 $x$ 不出现在序列中（康托尔定理）。考虑两个序列：所有有理数序列及所有形如 $c^r$ 的数的序列，其中 $c$ 是一个给定的有理数，$r$ 是任意有理数。令 $x$ 是不在两个序列中的一个数，显然，$x$ 是一个无理数。令 $y$ 是一个数使得 $x^y = c$。则 $y$ 是一个无理数（否则 $x = c^{\frac{1}{y}}$，意味着 $x$ 出现在形如 $c^r$ 的序列中）。

（构造性证明 2）$\sqrt{2}$ 是无理数。可证明 $2\log_2 3$ 是无理数。有 $\sqrt{2}^{2\log_2 3} = 2^{\log_2 3} = 3$。 □

通常来说，一个定理的构造性证明要比它的存在性证明更复杂，很多时候复杂得多，甚至有些时候可能无解。希尔伯特是直觉主义的坚决反对者，他说："把排中律从数学家那里拿走，就像把望远镜从天文学家那里拿走，或是把拳头从拳击手那里拿走一样。"

直觉主义者则认为，虽然构造性要求大大增加了数学的难度，但是为维护数学的严格性和确定性，付出这样的代价是值得的。直觉主义数学家做了大量的研究工作，从数学中剔除排中律、反证法、存在性证明、实无穷等概念和方法，在直觉主义观念下重建整个数学，如直觉主义集合论、直觉主义分析、直觉主义类型论、直觉主义拓扑等。

**练习 9.1**　按照直觉主义的观点，从数理逻辑教科书中鉴别，哪些定理的证明使用了非法方法，尝试使用正确方法替换。

直觉主义者把他们自己看作数学界的清道夫。布劳威尔对正义有种极端的热情，因此经常在争论中表现出神经质的情绪化的脾气。希尔伯特与布劳威尔两位数学大师，自然地在众人中识别了彼此，惺惺相惜并相互帮助。但在科学理念的分歧面前，最终成为陌路。两位大师都认为数学处于动摇基础的危机当中，但他们走向了不同的拯救路径。两位的分歧最终达到了这样的程度——希尔伯特请求《数学年鉴》杂志辞退布劳威尔的编辑职位。

## 9.2 直觉主义逻辑的句法

直觉主义逻辑，就是直觉主义数学的逻辑。直觉主义逻辑改变了某些经典命题逻辑的推理模式，以符合直觉主义数学的要求。直觉主义逻辑并不增加经典命题逻辑的语言表达力。因此，直觉主义命题逻辑与经典命题逻辑使用相同的句法。公式由以下规则生成：

$$\varphi ::= p \mid \neg\varphi \mid \varphi \vee \varphi \mid \varphi \wedge \varphi \mid \varphi \to \varphi$$

我们在直觉主义逻辑中重新解释命题连接词，重新定义命题连接词的语义。命题连接词之间不再具有如 2.2 节和 3.2 节所示的相互可定义关系。因此，我们把 ¬、∨、∧、→ 都作为初始连接词明确出现在句法定义中。

## 9.3 直觉主义逻辑的观念

直觉主义逻辑的标准解释称为 BHK 释义。在数理逻辑及一般哲学逻辑中，公式 $\varphi$ 成立读作 "$\varphi$ 是真的"。按照 BHK 释义，在直觉主义逻辑中它的含义是 "$\varphi$ 有一个（构造性）证明"。复合公式的含义如下：

- $\varphi \vee \psi$：$\varphi \vee \psi$ 有一个证明；即，
  $\varphi$ 有一个证明或者 $\psi$ 有一个证明。

- $\varphi \wedge \psi$：$\varphi \wedge \psi$ 有一个证明；即，
  $\varphi$ 有一个证明并且 $\psi$ 有一个证明。

- $\neg\varphi$：$\neg\varphi$ 有一个证明；即，
  没有 $\varphi$ 的证明。换句话说，$a$ 是 $\neg\varphi$ 的证明，如果任给 $\varphi$ 的证明 $b$，我们可以使用 $a$ 从 $b$ 中构造出 "假（矛盾公式）" 的证明。

- $\varphi \to \psi$：$\varphi \to \psi$ 有一个证明；即，
  如果 $\varphi$ 有一个证明则 $\psi$ 有一个证明。换句话说，$a$ 是 $\varphi \to \psi$ 的证明，如果任给 $\varphi$ 的证明 $b$，我们可以使用 $a$ 从 $b$ 中构造出 $\psi$ 的证明。

**例 9.2** 下面是荷兰数学家、逻辑学家海廷给出的例了。考察这两个句子：

$\varphi$：  在 $\pi$ 中有 20 个连续的 7。

$\psi$：  在 $\pi$ 中有 19 个连续的 7。

通过对下面问题的回答，我们可以清楚地看到直觉主义和一般数学推理模式的差异：

（1）  $\neg\varphi \vee \psi$ 在一般数学中应否成立？

答：当今数学并没有定理来判定 $\pi$ 中到底有没有这么多连续的 7。但是，我们仍然可以证明，$\neg\varphi \vee \psi$ 成立：假设 $\pi$ 中有最多 $n$ 个连续的 7。如果 $n < 20$，则 $\neg\varphi$ 为真；如果 $n \geqslant 20$，则 $\psi$ 为真。因为要么 $n < 20$ 要么 $n \geqslant 20$，所以要么 $\neg\varphi$ 为真要么 $\psi$ 为真。因此，$\neg\varphi \vee \psi$ 为真。

（2）  $\neg\varphi \vee \psi$ 在直觉主义数学中应否成立？

答：直觉主义数学中，要想证明 $\neg\varphi \vee \psi$，必须要么有一个 $\neg\varphi$ 的证明，要么有一个 $\psi$ 的证明。但是目前数学中对两者都没有证明。因此，直觉主义数学中 $\neg\varphi \vee \psi$ 不成立。前面对 $\neg\varphi \vee \psi$ 的证明不是一个直觉主义承认的构造性证明。

（3）  $\varphi \rightarrow \psi$ 在一般数学中应否成立？

答：显然，是的。如果 $\pi$ 中有 20 个连续的 7，那么 $\pi$ 中自然就有 19 个连续的 7。

（4）  $\varphi \rightarrow \psi$ 在直觉主义数学中应否成立？

答：显然，是的。如果我们已经有一个 $\pi$ 中有 20 个连续的 7 的证明，那么从这个证明中，我们自然可以构造一个 $\pi$ 中有 19 个连续的 7 的证明。

在经典命题逻辑中，命题连接词之间相互可定义，如 $\varphi \rightarrow \psi =_{df} \neg\varphi \vee \psi$。直觉主义逻辑中，连接词之间没有这样的关系。例 9.2 中，$\neg\varphi \vee \psi$ 在直觉主义逻辑中不成立，$\varphi \rightarrow \psi$ 在直觉主义逻辑中成立。$\neg\varphi \vee \psi$ 和 $\varphi \rightarrow \psi$ 在直觉主义逻辑中不是等价的。

下面是几个经典命题逻辑中的重言式。通过判断它们在直觉主义逻辑中是否成立，可以帮助我们进一步把握直觉主义逻辑解读公式的方式及直觉主义逻辑的特点：

- $\varphi \vee \neg\varphi$ 在直觉主义逻辑中应否成立?

  答: 不成立。经典命题逻辑中, 即使我们不知道 $\varphi \vee \neg\varphi$ 中的哪一个析取支为真, 我们仍然可以一般地判定 $\varphi$ 和 $\neg\varphi$ 其中之一为真, 所以 $\varphi \vee \neg\varphi$ 为真。但在直觉主义逻辑中, $\varphi \vee \neg\varphi$ 意味着, $\varphi$ 有一个证明或者 $\neg\varphi$ 有一个证明。但我们可能事实上既没有 $\varphi$ 的证明, 也没有 $\neg\varphi$ 的证明 ($\varphi$ 是哥德巴赫猜想)。

- $\varphi \to (\psi \to \varphi)$ 在直觉主义逻辑中应否成立?

  答: 成立。如果 $\varphi$ 有一个证明, 记为 $a$, 则显然 $\psi \to \varphi$ 有一个证明, 即任给 $\psi$ 的证明 $b$, 显然, 我们可以使用 $a$ 从 $b$ 中构造出 $\varphi$ 的证明, 这个证明就是 $a$ 自己。

- $\varphi \to \neg\neg\varphi$ 在直觉主义逻辑中应否成立?

  答: 成立。假设 $\varphi$ 有一个证明, 记为 $a$。因为, 任给 $\neg\varphi$ 的证明 $b$, $a$ 和 $b$ 加起来是矛盾命题的证明, 所以, 不可能有 $\neg\varphi$ 的证明。即 $\neg\neg\varphi$ 有一个证明。

- $\neg\neg\varphi \to \varphi$ 在直觉主义逻辑中应否成立?

  答: 不成立。该公式的前件说, $\neg\neg\varphi$ 有一个证明, 即没有 $\neg\varphi$ 的证明。这与后件, 即 $\varphi$ 有一个证明, 没有必然关系。

上面的例子说明, 直觉主义逻辑中不能简单消去双重否定; 直觉主义逻辑中排中律不是有效的。不能使用排中律, 使得数学证明中常用的反证法失效。直觉主义者不承认反证法是合法的数学。

使用反证法证明 $A$, 即 (1) 假设 $\neg A$ 成立。从这个假设中推出矛盾。因此 $\neg A$ 不成立; (2) 由于 $A$ 和 $\neg A$ 两者之一成立, 所以由 (1) 可得 $A$ 成立。直觉主义者不接受 (2) 中的推理, 不接受 $A$ 和 $\neg A$ 两者之一成立。直觉主义者仍然接受归谬法, 即反证法的第 (1) 部分: 通过推出矛盾, 可得出假设不成立的结论。显然, 归谬法只能得出某某陈述不成立的负面的结论。

## 9.4 直觉主义逻辑的模型和语义

多数情况下, 哲学逻辑是语义定义导向的。首先, 我们给出一个逻辑的模型和语义定义。然后, 按照这个模型和语义定义, 我们构造一个公理系统, 使得该系统相对于语义定义是可靠和完全的。

直觉主义逻辑是一个句法系统导向的逻辑。首先，我们有一个没有排中律的逻辑系统（直觉主义公理系统）；然后我们尝试寻找一个合理的、直观上自然的模型和语义定义，使得直觉主义公理系统是可靠和完全的。历史上，逻辑学家为直觉主义逻辑定义了多种不同类型的模型和语义，包括表方法、拓扑、海廷代数、可能世界语义等。在这些模型和语义定义中，使用最广泛的是克里普克的可能世界语义。

数学证明或数学发现是一个过程。这个过程由很多不同的状态组成，每个状态是证明进行当中的一个状态。这些状态之间有自然的先后关系。这个先后关系是有方向性的关系，表明不断向前推进的数学证明或数学发现过程。用于表达方向性的二元关系有两个：偏序和严格偏序。它们的差别在前者是自反的，后者是反自反的。直觉主义模型使用偏序关系，意味着任何状态是它自己的下一个状态，表明证明过程可以停留在任意状态。

**定义 9.1**　一个<u>直觉主义模型</u>是一个三元组 $\mathfrak{M} = (S, \leqslant, V)$，其中

（1）　$S$ 是一个非空的状态的集合，

（2）　$\leqslant$ 是 $S$ 上的一个偏序（自反、传递、反对称的二元关系），

（3）　$V : P \times S \to \{0, 1\}$ 是一个赋值函数使得，如果 $V(p, s) = 1$ 则对任意 $s \leqslant t$ 有 $V(p, t) = 1$。

直觉主义模型中，状态集 $S$ 就是数学证明中的状态。$\leqslant$ 是状态间的先后关系，$s \leqslant t$ 意味着状态 $t$ 是状态 $s$ 的后续状态。

与前面章节中所有已经定义的模型不同，直觉主义模型中的赋值函数 $V$ 有一个附加的限制条件。这个条件可直观地翻译为：如果在状态 $s$ 已经有了原子命题 $p$ 的证明，那么在所有 $s$ 的后续状态上都有 $p$ 的证明；简言之，已经证明的总是已经证明的。

直觉主义模型是一个标准的可能世界模型。但是，直觉主义逻辑不是一个标准的模态逻辑。直觉主义逻辑中没有模态词（如 $\square$ 和 $\diamond$），只有命题连接词。在 9.3 节中，我们给出了命题连接词在直觉主义逻辑中的直观含义。现在，我们根据这些直观含义为命题连接词定义在直觉主义逻辑中的语义。请注意，本章中的

$s \models \varphi$ 的意思是 "在状态 $s$ 有 $\varphi$ 的证明", 而不是 "在状态 $s$, $\varphi$ 为真"。

析取和合取连接词的语义定义在形式上与经典命题逻辑的一样:

- $s \models \varphi \vee \psi$, 如果 $s \models \varphi$ 或者 $s \models \psi$。

  $\varphi \vee \psi$ 在状态 $s$ 有证明, 如果, $\varphi$ 在状态 $s$ 有证明或者 $\psi$ 在状态 $s$ 有证明。

- $s \models \varphi \wedge \psi$, 如果 $s \models \varphi$ 并且 $s \models \psi$。

  $\varphi \wedge \psi$ 在状态 $s$ 有证明, 如果, $\varphi$ 在状态 $s$ 有证明并且 $\psi$ 在状态 $s$ 有证明。

否定和蕴涵的语义定义则与经典命题逻辑不同。

按照直觉主义对否定连接词的理解, $\neg\varphi$ 有一个证明即没有 $\varphi$ 的证明: 要证明 $\neg\varphi$, 需要证明的是不可能有 $\varphi$ 的证明。在当前状态下没有 $\varphi$ 的证明, 并不代表证明了 $\neg\varphi$。证明了 $\neg\varphi$, 意味着在任意后续状态都不可能有 $\varphi$ 的证明。因此, 否定连接词的语义不仅与当前状态相关, 还和当前状态的后续状态相关。否定连接词的语义定义如下:

- $s \models \neg\varphi$, 如果对任意 $t$ 使得 $s \leqslant t$ 有 $t \not\models \varphi$。

  $\neg\varphi$ 在状态 $s$ 有证明, 如果, $\varphi$ 在所有 $s$ 的后续状态 $t$ 上都没有证明。

直觉主义逻辑中的 $\neg$ 使得否定公式的值与可通达的后续状态相关, 这个 $\neg$ 具有模态词的特征。

按照直觉主义对蕴涵连接词的理解, $\varphi \to \psi$ 有一个证明, 即任给 $\varphi$ 的证明, 我们可以从中构造出 $\psi$ 的证明。同样地, $\varphi \to \psi$ 的证明, 不仅意味着在当前状态下我们可以使用它把 $\varphi$ 的证明转换为 $\psi$ 的证明, 也意味着在任意后续状态下我们可以使用它把 $\varphi$ 的证明转换为 $\psi$ 的证明。蕴涵连接词的语义不仅与当前状态相关, 还和当前状态的后续状态相关。蕴涵连接词的语义定义如下:

- $s \models \varphi \to \psi$, 如果对任意 $t$ 使得 $s \leqslant t$, 如果 $t \models \varphi$ 则 $t \models \psi$。

  $\varphi \to \psi$ 在状态 $s$ 有证明, 如果在所有 $s$ 的后续状态 $t$ 上, 从任意 $\varphi$ 的证明中都可以构造出 $\psi$ 的证明。

直觉主义逻辑的语义定义总结如下:

**定义 9.2** 令 $\mathfrak{M} = (S, \leqslant, V)$ 是一个直觉主义模型, $s \in S$, $\varphi$ 是任意公式。$\mathfrak{M}, s \models \varphi$ 归纳定义如下:

- $\mathfrak{M}, s \models p$ ，当且仅当，$V(p, s) = 1$，其中 $p$ 是一个原子命题.

- $\mathfrak{M}, s \models \varphi \vee \psi$，如果 $\mathfrak{M}, s \models \varphi$ 或者 $\mathfrak{M}, s \models \psi$。

- $\mathfrak{M}, s \models \varphi \wedge \psi$，如果 $\mathfrak{M}, s \models \varphi$ 并且 $\mathfrak{M}, s \models \psi$。

- $\mathfrak{M}, s \models \neg\varphi$，如果对任意 $t$ 使得 $s \leqslant t$ 有 $\mathfrak{M}, t \not\models \varphi$。

- $\mathfrak{M}, s \models \varphi \to \psi$，如果对任意 $t$ 使得 $s \leqslant t$ 有，如果 $\mathfrak{M}, t \models \varphi$ 则 $\mathfrak{M}, t \models \psi$。

直觉主义逻辑（模型）中的有效性概念按通常方式定义。

我们可以把模型中对赋值函数 $V$ 的限制条件推广到任意公式：

**定理 9.1**　对任意公式 $\varphi$，任意模型 $\mathfrak{M}$，任意状态 $s$，如果 $\mathfrak{M}, s \models \varphi$ 则对任意 $s \leqslant t$ 有 $\mathfrak{M}, t \models \varphi$。

**练习 9.2**　给出定理 9.1 的证明。

在 9.3 节中，我们使用直觉主义的直观观念判断一些公式是否应该成立。现在，我们可以使用语义定义判断它们在直觉主义逻辑中是否是有效的。

**练习 9.3**　判断下列公式在直觉主义逻辑中是否是有效的：

（1）　$\varphi \to \neg\neg\varphi$

（2）　$\neg\neg\varphi \to \varphi$

（3）　$\varphi \vee \neg\varphi$

（4）　$\neg(\varphi \wedge \psi) \to (\neg\varphi \vee \neg\psi)$

## 9.5　直觉主义逻辑的公理系统

直觉主义逻辑的公理系统 *Int* 由以下公理和规则组成：

**A1**：　$(\varphi \to \psi) \to ((\psi \to \chi) \to (\varphi \to \chi))$

**A2**：　$\varphi \to (\varphi \vee \psi)$

**A3**：　$\psi \to (\varphi \vee \psi)$

**A4**：　$(\varphi \to \chi) \to ((\psi \to \chi) \to ((\varphi \vee \psi) \to \chi))$

**A5**：　$(\varphi \wedge \psi) \to \varphi$

**A6**：　$(\varphi \wedge \psi) \to \psi$

**A7：** $(\chi \to \varphi) \to ((\chi \to \psi) \to (\chi \to (\varphi \wedge \psi)))$

**A8：** $(\varphi \to (\psi \to \chi)) \leftrightarrow ((\varphi \wedge \psi) \to \chi)$

**A9：** $(\varphi \wedge \neg\varphi) \to \psi$

**A10:** $(\varphi \to (\varphi \wedge \neg\varphi)) \to \neg\varphi$

**分离规则：** $\varphi, \varphi \to \psi \,/\, \psi$

**定理 9.2** 公理系统 $Int$ 对于直觉主义模型和语义是可靠的和完全的。

最后，我们列举几个重要的直觉主义公理系统的性质，它们说明了 $Int$ 公理系统与命题演算系统的关系。

**定理 9.3** 以下对直觉主义逻辑与经典命题逻辑的关系的表述都成立。

（1） 直觉主义公理系统 $Int$ 中的定理都是命题演算的定理。

（2） 有些命题演算的定理不是 $Int$ 中的定理。

（3） $Int$ 是命题演算的子逻辑。

（4） 排中律不是 $Int$ 中的定理。

（5） 把排中律，即公式 $\varphi \vee \neg\varphi$，作为附加公理加入 $Int$ 后得到命题演算。

# 第 10 章 多值逻辑

数理逻辑，以及大多数哲学逻辑（包括本书前面介绍的逻辑），都是二值逻辑，即这些逻辑中的公式只有两个真值：真和假。本章介绍多值逻辑，即公式有两个以上真值的逻辑。多值逻辑不仅是对二值逻辑的自然的数学扩展，也具有重要的理论意义和应用价值。

## 10.1  多值逻辑的句法

多值逻辑与经典逻辑使用相同的句法。公式由以下规则生成：

$$\varphi ::= p \mid \neg\varphi \mid \varphi \vee \varphi \mid \varphi \wedge \varphi \mid \varphi \to \varphi$$

除非专门指明，本章定义的多值逻辑都使用这个句法定义。

## 10.2  卢卡西维茨的三值逻辑

早在古希腊时期，亚里士多德已经注意到某些句子可能没有确定的真值，特别是那些表达未来状态的句子。由于未来具有偶然性，亚里士多德认为下面的句子没有确定的真值：

- 明天有一场海战

如果这个句子具有确定的真值，无论它是真还是假，未来对我们来说就是确定的了。围绕着亚里士多德海战悖论的非形式化的讨论贯穿了整个哲学史。

波兰逻辑学家卢卡西维茨（Jan Lukasiewicz，1878~1956 年）在 20 世纪初第一次给出了一种多值逻辑的定义。按照多值逻辑中计算真值的不同方式，可以定义出很多多值逻辑。卢氏多值逻辑是第一个、也是迄今为止影响最大的一个多值逻辑。我们首先介绍他的三值逻辑。

卢氏三值逻辑使用三个真值：1，0 和 $\frac{1}{2}$，其中 1 代表 "真"，0 代表 "假"，$\frac{1}{2}$ 代表 "不确定"、"可能" 或 "非真非假"（有的文献使用 $u$ 代替 $\frac{1}{2}$）。"明天有一场海战"，因为这个句子既不是真的也不是假的，所以它的真值应是 $\frac{1}{2}$。

卢卡西维茨首先使用如下的三值真值表解释否定和蕴涵连接词：

图 10.1　卢卡西维茨

| $\varphi$ | $\neg\varphi$ |
|---|---|
| 0 | 1 |
| $\frac{1}{2}$ | $\frac{1}{2}$ |
| 1 | 0 |

| $\rightarrow$ | 0 | $\frac{1}{2}$ | 1 |
|---|---|---|---|
| 0 | 1 | 1 | 1 |
| $\frac{1}{2}$ | $\frac{1}{2}$ | 1 | 1 |
| 1 | 0 | $\frac{1}{2}$ | 1 |

析取、合取、双向蕴涵由否定和蕴涵按如下方式定义：

- $\varphi \vee \psi =_{df} (\varphi \rightarrow \psi) \rightarrow \psi$

- $\varphi \wedge \psi =_{df} \neg(\neg\varphi \vee \neg\psi)$

- $\varphi \leftrightarrow \psi =_{df} (\varphi \rightarrow \psi) \wedge (\psi \rightarrow \varphi)$

由此，它们的真值表如下所示：

| $\vee$ | 0 | $\frac{1}{2}$ | 1 |
|---|---|---|---|
| 0 | 0 | $\frac{1}{2}$ | 1 |
| $\frac{1}{2}$ | $\frac{1}{2}$ | $\frac{1}{2}$ | 1 |
| 1 | 1 | 1 | 1 |

| $\wedge$ | $0$ | $\frac{1}{2}$ | $1$ |
|---|---|---|---|
| $0$ | $0$ | $0$ | $0$ |
| $\frac{1}{2}$ | $0$ | $\frac{1}{2}$ | $\frac{1}{2}$ |
| $1$ | $0$ | $\frac{1}{2}$ | $1$ |

| $\leftrightarrow$ | $0$ | $\frac{1}{2}$ | $1$ |
|---|---|---|---|
| $0$ | $1$ | $\frac{1}{2}$ | $1$ |
| $\frac{1}{2}$ | $\frac{1}{2}$ | $1$ | $\frac{1}{2}$ |
| $1$ | $0$ | $\frac{1}{2}$ | $1$ |

卢氏三值命题逻辑与经典命题逻辑是相容的。假如真值只有 0 和 1 两个，则卢氏三值逻辑还原为经典命题逻辑。换句话说，在卢氏三值逻辑的真值表中删除包含 $\frac{1}{2}$ 的行和列，得到的是经典逻辑的真值表。

我们可以使用另一种方式给出卢氏三值逻辑的语义定义。令 $<$ 是数字大小关系，即有 $0 < \frac{1}{2} < 1$。则卢氏三值逻辑的命题连接词真值表可等价地表述为如下等式，令 $x, y \in \left\{ 0, \frac{1}{2}, 1 \right\}$：

- $\neg x = 1 - x$
- $x \wedge y = \min\{x, y\}$
- $x \vee y = \max\{x, y\}$
- $x \to y = \min\{1, 1 + y - x\}$

最后，卢氏三值逻辑正式的模型（真值指派）和语义定义如下：

**定义 10.1**  一个卢氏真值指派 $V$ 是一个函数 $V : P \to \{0, \frac{1}{2}, 1\}$，其中 $P$ 是所有命题变元的集合。

公式 $\varphi$ 在真值指派 $V$ 下为真，记为 $V \models \varphi$；公式 $\varphi$ 在真值指派 $V$ 下为假，记为 $V =\!\!\mid \varphi$。$\models$ 和 $=\!\!\mid$ 归纳定义如下，令 $p$ 是一个命题变元：

- $V \models p$，当且仅当，$V(p) = 1$，
- $V =\!\!\mid p$，当且仅当，$V(p) = 0$。

- $V \models \neg\varphi$，当且仅当，$V =\mid \varphi$。

- $V =\mid \neg\varphi$，当且仅当，$V \models \varphi$。

- $V \models \varphi \rightarrow \psi$，当且仅当，如下之一成立：

  - （1）$V =\mid \varphi$，

  - （2）$V \models \psi$，

  - （3）$V \not\models \varphi$，$V \not=\mid \varphi$，$V \not\models \psi$，并且 $V \not=\mid \psi$。

- $V =\mid \varphi \rightarrow \psi$，当且仅当，$V \models \varphi$ 并且 $V =\mid \psi$。

以上我们使用真值表、数值等式、归纳定义三种方式给出了卢氏三值逻辑的语义。使用这三种方式得到的是相同的语义定义。我们可以根据具体情况灵活选择使用哪一种语义定义。真值表最直观，数值等式最简洁，归纳定义适用范围最广。如果需要定义一个三值信念逻辑，那么我们需要使用哪一种方式来定义呢？

一个(卢氏三值逻辑)重言式 是一个在任意真值指派下值都是 1 的公式。

**练习 10.1** 下列公式是否是卢氏三值逻辑中的重言式：

（1） $p \vee \neg p$

（2） $\neg(p \wedge \neg p)$

（3） $p \rightarrow p$

（4） $p \rightarrow (q \rightarrow p)$

显然，卢氏三值逻辑中连接词之间的相互关系与经典命题逻辑中的不同。此外，卢氏三值逻辑的 $\neg$、$\rightarrow$、$\wedge$ 和 $\vee$ 不构成连接词的完全集。

## 10.3 卢氏三值逻辑的解释和公理化

卢卡西维茨曾有意使用三值逻辑给出可能和必然的语义定义如下：

| $\varphi$ | $\diamond\varphi$ |
|---|---|
| 0 | 1 |
| $\frac{1}{2}$ | 1 |
| 1 | 1 |

| $\varphi$ | $\Box\varphi$ |
|:---:|:---:|
| 0 | 1 |
| $\frac{1}{2}$ | 0 |
| 1 | 1 |

　　按这种方式定义的可能算子和必然算子都可以从卢氏三值逻辑中定义出来,定义方式如下:

- $\Diamond\varphi =_{df} \neg\varphi \to \varphi$
- $\Box\varphi =_{df} \neg\Diamond\neg\varphi = \neg(\varphi \to \neg\varphi)$

对卢氏三值逻辑语义定义的直观解释如下:

**否定**：　如果 $\varphi$ 的真值是不确定的,那么 $\neg\varphi$ 的真值也是不确定的,否则,我们可以根据 $\neg\varphi$ 的真值来确定 $\varphi$ 的真值。

**合取**：　$0 < \frac{1}{2} < 1$,这个 $<$ 关系可以理解为"真程度的大小",即 0 最假,1 最真,$\frac{1}{2}$ 比 0 更真,1 比 $\frac{1}{2}$ 更真。
　　　　合取公式的真程度应不大于其每个合取支的真程度。$\varphi \land \psi$ 的真值由 $\varphi$ 与 $\psi$ 中真值较小的那个合取支决定。

**析取**：　析取公式的真程度应不小于其每个析取支的真程度。$\varphi \lor \psi$ 的真值由 $\varphi$ 与 $\psi$ 中真值较大的那个析取支决定。

**蕴涵**：　直观上,一个条件句,其前件的真程度越大,整个公式的真程度越小,反之亦然;其后件的真程度越小,整个公式的真程度越小,反之亦然。按这个直观,我们似乎可以把蕴涵连接词定义为:$x \to y = y - x$。然而,这个定义使得蕴涵公式的真值可能小于 0 或者大于 1。因此,我们把蕴涵连接词定义为 $x \to y = \min\{1, 1+y-x\}$。这个定义不仅遵从蕴涵连接词的直观含义,也使得公式的真值不会小于 0 或大于 1。

还有一种常见的解释三值逻辑连接词语义的方式。假设公式 $\varphi$ 的真值是 $\frac{1}{2}$,即 $\varphi$ 的真值是不确定的。换句话说,它的真值仍是开放的,存在两种可能性:1 或者 0。我们分别使用 0 和 1 替换 $\frac{1}{2}$ 代表这两种可能。例如,考察公式 $\frac{1}{2} \to 0$ 的真值。分别用 0 和 1 替换 $\frac{1}{2}$，这个公式有两种可能：$1 \to 0 = 0$ 和 $0 \to 0 = 1$；由于在这两种可能情况下整个公式的真值不是一个确定的真值，所以 $\frac{1}{2} \to 0 = \frac{1}{2}$。考察另一个公式 $0 \to \frac{1}{2}$，它包含两种可能：$0 \to 1 = 1$ 和 $0 \to 0 = 1$；由于在这两种情况下整个公式的真值确定为 1，所以 $0 \to \frac{1}{2} = 1$。

**练习 10.2** 使用刚刚描述的替换方法给出所有命题连接词的真值表。它们与卢氏三值逻辑的真值表相同吗？

卢氏三值逻辑的公理化由魏斯伯格（Wajsberg）完成。这也是第一个多值逻辑的公理化系统。该系统由以下公理和规则组成：

**A1：** $(\varphi \to (\psi \to \varphi))$

**A2：** $(\varphi \to \psi) \to ((\psi \to \chi) \to (\varphi \to \chi))$

**A3：** $(\neg\varphi \to \neg\psi) \to (\psi \to \varphi)$

**A4：** $((\varphi \to \neg\varphi) \to \varphi) \to \varphi$

**分离规则：** $\varphi, \varphi \to \psi \,/\, \psi$

## 10.4 卢卡西维茨的多值逻辑

在给出三值逻辑几年后，卢卡西维茨把他的三值逻辑推广到一系列多值逻辑，包括有穷值和无穷值的多值逻辑。卢卡西维茨本人并未考虑多值逻辑的直观解释问题。他把他的多值逻辑作为对三值逻辑的自然的数学推广。卢氏多值逻辑在其创立之后被发现在多个领域有很好的应用。

卢氏多值逻辑不是一个逻辑，而是按其真值的个数命名的很多逻辑。令卢氏多值逻辑的真值的集合记为 $L_N$。我们可以区分以下几种情况：

- 如果 $L_N = \left\{ 0, \frac{1}{n-1}, \cdots, \frac{n-2}{n-1}, 1 \right\}$，则称其为卢氏 $n$ 值逻辑，通常记为 $L_n$。
- 如果 $L_N = \left\{ \frac{i}{j} : 0 \leqslant i \leqslant j,\ i, j \in \omega\ j \neq 0 \right\}$，即 $L_N$ 为 0 和 1 间所有分数的集合，则称其为卢氏可数无穷值逻辑，通常记为 $L_{\aleph_0}$。
- 如果 $L_N = [0, 1]$，即 $L_N$ 为 0 和 1 间所有实数的集合，则称其为卢氏不可数无穷值逻辑，通常记为 $L_{\aleph_1}$。

卢氏多值逻辑的语义定义是其三值逻辑语义定义的直接推广。令 $x, y \in \left\{ 0, \dfrac{1}{n-1}, \cdots, \right.$
$\left. \dfrac{n-2}{n-1}, 1 \right\}$（或 $x, y \in \left\{ \dfrac{i}{j} : 0 \leqslant i \leqslant j,\ i, j \in \omega\, j \neq 0 \right\}$，或 $x, y \in [0, 1]$），则

- $\neg x = 1 - x$

- $x \wedge y = \min\{x, y\}$

- $x \vee y = \max\{x, y\}$

- $x \to y = \min\{1, 1 + y - x\}$

定义卢氏多值逻辑的数值等式与 10.2 节中三值逻辑的数值等式完全一样。卢氏三
值逻辑是卢氏 $n$ 值逻辑在 $n = 2$ 时的实例。

真值指派、重言式等概念也可以从三值逻辑自然推广到多值逻辑。令 $E(L_N)$
是卢氏多值逻辑 $L_n$ 中的重言式的集合。则如下事实成立

- 对任意自然数 $m$ 和 $n$，如果 $n - 1$ 可被 $m - 1$ 整除，则 $E(L_n) \subseteq E(L_m)$。

- 任意卢氏 $n$ 值逻辑的重言式一定是经典逻辑的重言式。

- $E(L_{\aleph_1}) = E(L_{\aleph_0}) = \bigcap \{ E(L_n) : n \geqslant 2, n \in \omega \}$。

10.3 节的最后提到，卢氏三值逻辑的 $\neg$、$\to$、$\wedge$ 和 $\vee$ 不构成连接词的完全集。但
是，我们可以通过添加合适的连接词得到一个连接词完全集。对卢氏无穷值逻辑
来说，则不可能做到这一点。事实上，

- 任意无穷值逻辑都不可能有连接词的完全集，即不可能有涵项完全性。

原因在于，使用有穷多个连接词只可能定义出可数无穷多个连接词，而任意无穷
值逻辑中连接词的数量是不可数无穷多个。

卢氏无穷值逻辑的公理系统由以下公理和规则组成（可数无穷值和不可数无
穷值的公理系统相同）：

**A1:** $\quad (\varphi \to (\psi \to \varphi))$

**A2:** $\quad (\varphi \to \psi) \to ((\psi \to \chi) \to (\varphi \to \chi))$

**A3:** $\quad ((\varphi \to \psi) \to \psi) \to ((\psi \to \varphi) \to \varphi)$

**A4:** $\quad ((\varphi \to \neg\varphi) \to \varphi) \to \varphi$

**分离规则：** $\varphi, \varphi \to \psi \,/\, \psi$

卢氏一般有穷值逻辑的公理化问题在卢卡西维茨创建它们几十年后才被解决。它的公理系统比较繁复，这里不再列举。

## 10.5　波斯特的 $n$ 值逻辑

波兰逻辑学家波斯特（Emil Leon Post，1897~1954 年）定义了一种 $n$ 值逻辑。波斯特构建逻辑的动机并非来源于某种直观观念，而是出于纯粹的数学考虑。卢氏多值逻辑中，通常的连接词 $\neg$、$\to$、$\wedge$ 和 $\vee$ 不构成连接词的完全集。波斯特给出了一种连接词完全的 $n$ 值逻辑，以弥补卢氏多值逻辑的不足。

波斯特 $n$ 值逻辑中有 $n$ 个真值，其中 $n$ 是一个大于 1 的自然数。令 $T = \{t_1, \cdots, t_n\}$ 是 $n$ 个真值的集合。令 $t_1 < t_2 < \cdots < t_n$。

波斯特 $n$ 值逻辑使用 $\neg$ 和 $\vee$ 作为初始连接词，公式由以下规则生成：

$$\varphi ::= p \mid \neg\varphi \mid \varphi \vee \psi$$

$\neg$ 和 $\vee$ 的语义由以下等式定义，令 $t_i, t_j \in \{t_1, \cdots, t_n\}$，

- $t_i \vee t_j = \max\{t_i, t_j\}$。
- $\neg t_i = t_{i+1}$ $if$ $i \neq n$；$\neg t_i = t_1$ $if$ $i = n$。

波斯特 $n$ 值逻辑的析取连接词 $\vee$ 是一个通常的析取，等同于卢氏 $n$ 值逻辑的 $\vee$。波斯特逻辑的 $\neg$ 则相当特殊。这个否定连接词的语义构成一个真值的循环。一个真值的否定将得到刚好比它大的下一个真值，最大真值的否定则回到最小真值。

波斯特 $n$ 值逻辑提供的 $\neg$ 和 $\vee$ 构成一个连接词的完全集——连接词完全集。如下事实成立：

- 波斯特 $n$ 值逻辑是函项完全的，即 $n$ 值逻辑的任意连接词可由波斯特 $n$ 值逻辑的 $\neg$ 和 $\vee$ 定义。

波斯特 $n$ 值逻辑中，一个真值指派是一个函数 $v: P \to \{t_1, \cdots, t_n\}$，其中 $P$ 是所有命题变元的集合。一个重言式是一个在任意真值指派下值都是 $t_n$ 的公式。则如下事实成立：

- 排中律不成立：$p \vee \neg p$ 不是重言式。

- 广义排中律成立：$p \vee \neg p \vee \neg\neg p \vee \cdots \vee \neg\neg \cdots p$ 是重言式，其中最后一个析取支中有 $n - 1$ 个 $\neg$。

虽然波斯特本人未考虑他的逻辑的直观解释问题，但随后的学者为波斯特逻辑找到了很好的解释。

# 10.6  克林的三值逻辑

美国数学家、逻辑学家克林（Stephen Cole Kleene，1909~1994 年）定义了两种三值逻辑，分别称为克林强三值逻辑和克林弱三值逻辑。它们都产生了较大的影响。

### 10.6.1  克林强三值逻辑

与卢氏三值逻辑一样，克林三值逻辑也使用三个真值 1，0 和 $\frac{1}{2}$，其中 1 代表真，0 代表假。但对 $\frac{1}{2}$ 则有不同的解释。这里的 $\frac{1}{2}$ 代表 "无定义" 或者 "无意义"。克林希望使用这样的三值逻辑表达数学中的无定义性，如有些函数在某些输入值上是没有定义的。克林实际上使用 $u$ 而不是 $\frac{1}{2}$ 来代表第三值。

**例 10.1**  考察句子 "$\frac{1}{x} = 1$"。当 $x = 1$ 时，这个句子为真，其真值为 1；当 $x \neq 1$ 且 $x \neq 0$ 时，这个句子为假，其真值为 0；当 $x = 0$ 时，这个句子无定义，其真值为 $\frac{1}{2}$。

克林三值逻辑中的 $\frac{1}{2}$ 与卢氏三值逻辑中的 $\frac{1}{2}$ 不同。"明天有一场海战" 和 "$\frac{1}{0} = 1$"，这两个句子的真值都标记为 $\frac{1}{2}$。但是，前者是因为未来的不确定性而取值为 "既不真又不假"，后者是无意义的表达。

克林强三值逻辑的真值表如下：

| $\varphi$ | $\neg\varphi$ |
|---|---|
| 0 | 1 |
| $\frac{1}{2}$ | $\frac{1}{2}$ |
| 1 | 0 |

| $\rightarrow$ | 0 | $\frac{1}{2}$ | 1 |
|---|---|---|---|
| 0 | 1 | 1 | 1 |
| $\frac{1}{2}$ | $\frac{1}{2}$ | $\frac{1}{2}$ | 1 |
| 1 | 0 | $\frac{1}{2}$ | 1 |

| $\vee$ | 0 | $\frac{1}{2}$ | 1 |
|---|---|---|---|
| 0 | 0 | $\frac{1}{2}$ | 1 |
| $\frac{1}{2}$ | $\frac{1}{2}$ | $\frac{1}{2}$ | 1 |
| 1 | 1 | 1 | 1 |

| $\wedge$ | 0 | $\frac{1}{2}$ | 1 |
|---|---|---|---|
| 0 | 0 | 0 | 0 |
| $\frac{1}{2}$ | 0 | $\frac{1}{2}$ | $\frac{1}{2}$ |
| 1 | 0 | $\frac{1}{2}$ | 1 |

可以看到，在克林强三值逻辑中，$\neg$、$\wedge$ 和 $\vee$ 的语义与卢氏三值逻辑相同，它们有着相同的真值表。也即有，

- $\neg x = 1 - x$
  无定义句子的否定仍是无定义的。

- $x \wedge y = \min\{x, y\}$
  合取公式的真值由真值较小的那个合取支决定。

- $x \vee y = \max\{x, y\}$
  析取公式的真值由真值较大的那个析取支决定。

克林强三值逻辑的 $\rightarrow$ 则与卢氏三值逻辑不同。事实上，它们仅在一种真值指派下不同。克林认为，类似"如果 $\frac{1}{0} = 1$，那么 $\frac{1}{0} = 1$"这样的句子是无意义的。即如果蕴涵公式的前件和后件都是 $\frac{1}{2}$ 时，该公式的真值也是 $\frac{1}{2}$：

- 克林强三值逻辑：$\frac{1}{2} \rightarrow \frac{1}{2} = \frac{1}{2}$。

- 卢氏三值逻辑：$\frac{1}{2} \rightarrow \frac{1}{2} = 1$。

与卢氏三值逻辑一样，克林强三值逻辑与经典命题逻辑是相容的。在其真值表中删除包含 $\frac{1}{2}$ 的行和列，得到的是经典命题逻辑的真值表。

克林强三值逻辑中的真值指派和重言式可如常定义。

**练习 10.3**　克林强三值逻辑中是否有重言式？如果有，请举出一个实例。如果没有，请说明理由。

### 10.6.2　克林弱三值逻辑

克林弱三值逻辑的真值表如下：

| $\varphi$ | $\neg\varphi$ |
| --- | --- |
| $0$ | $1$ |
| $\frac{1}{2}$ | $\frac{1}{2}$ |
| $1$ | $0$ |

| $\to$ | $0$ | $\frac{1}{2}$ | $1$ |
| --- | --- | --- | --- |
| $0$ | $1$ | $\frac{1}{2}$ | $1$ |
| $\frac{1}{2}$ | $\frac{1}{2}$ | $\frac{1}{2}$ | $\frac{1}{2}$ |
| $1$ | $0$ | $\frac{1}{2}$ | $1$ |

| $\vee$ | $0$ | $\frac{1}{2}$ | $1$ |
| --- | --- | --- | --- |
| $0$ | $0$ | $\frac{1}{2}$ | $1$ |
| $\frac{1}{2}$ | $\frac{1}{2}$ | $\frac{1}{2}$ | $\frac{1}{2}$ |
| $1$ | $1$ | $\frac{1}{2}$ | $1$ |

| $\wedge$ | $0$ | $\frac{1}{2}$ | $1$ |
| --- | --- | --- | --- |
| $0$ | $0$ | $\frac{1}{2}$ | $0$ |
| $\frac{1}{2}$ | $\frac{1}{2}$ | $\frac{1}{2}$ | $\frac{1}{2}$ |
| $1$ | $0$ | $\frac{1}{2}$ | $1$ |

克林弱三值逻辑的特点十分明显，可以总结为两点：

(1)　它与经典命题逻辑是相容的。在其真值表中删除包含 $\frac{1}{2}$ 的行和列，得到的是经典命题逻辑的真值表。

(2)　对任意公式，只要它有一个真值为 $\frac{1}{2}$ 的子公式，则该公式的真值为 $\frac{1}{2}$。

克林是递归论的奠基者之一。他定义弱三值逻辑的动机是为了刻画数学过程的可计算性。一个计算过程或者函数，如果其中某个步骤是不可判定（计算）的，则整个过程是不可判定（计算）的。上述克林弱三值逻辑的第（2）个特点来源于此。

显然，克林弱三值逻辑中没有重言式。

## 10.7　博奇瓦尔三值逻辑

博奇瓦尔（Bochvar）定义了一个有趣的三值逻辑。他的逻辑包含两部分，分别称为内部逻辑和外部逻辑。逻辑中使用如下命题连接词：$\neg$、$\wedge$、$\vee$、$\to$ 和 $\neg^*$、

$\wedge^*$、$\vee^*$、$\to^*$，其中 $\neg$、$\wedge$、$\vee$、$\to$ 是内部逻辑的连接词，$\neg^*$、$\wedge^*$、$\vee^*$、$\to^*$ 是外部逻辑的连接词。

公式由以下规则生成：

$$\varphi ::= p \mid \neg\varphi \mid \varphi \vee \psi \mid \varphi \wedge \psi \mid \varphi \to \psi \mid \neg^*\varphi \mid \varphi \vee^* \psi \mid \varphi \wedge^* \psi \mid \varphi \to^* \psi$$

内部逻辑等同于克林弱三值逻辑，即 $\neg$、$\wedge$、$\vee$、$\to$ 的真值表与克林弱三值逻辑的相同。

外部逻辑的连接词类似于直接在对象语言中表达元语言的陈述。这些连接词的直观含义如下：

- $\neg^*\varphi$：$\varphi$ 不是真的。

- $\varphi \vee^* \psi$：$\varphi$ 是真的或者 $\psi$ 是真的。

- $\varphi \wedge^* \psi$：$\varphi$ 是真的并且 $\psi$ 是真的。

- $\varphi \to^* \psi$：如果 $\varphi$ 是真的，那么 $\psi$ 是真的。

外部连接词的真值表如下：

| $\varphi$ | $\neg^*\varphi$ |
|---|---|
| 0 | 1 |
| $\frac{1}{2}$ | 1 |
| 1 | 0 |

| $\to^*$ | 0 | $\frac{1}{2}$ | 1 |
|---|---|---|---|
| 0 | 1 | 1 | 1 |
| $\frac{1}{2}$ | 1 | 1 | 1 |
| 1 | 0 | 0 | 1 |

| $\vee^*$ | 0 | $\frac{1}{2}$ | 1 |
|---|---|---|---|
| 0 | 0 | 0 | 1 |
| $\frac{1}{2}$ | 0 | 0 | 1 |
| 1 | 1 | 1 | 1 |

| $\wedge^*$ | 0 | $\frac{1}{2}$ | 1 |
|---|---|---|---|
| 0 | 0 | 0 | 0 |
| $\frac{1}{2}$ | 0 | 0 | 0 |
| 1 | 0 | 0 | 1 |

这个真值表直接来源于我们对外部连接词的直观解释。

**否定**：　$\neg^*\varphi$ 在 $\varphi$ 不是真的（0 或者 $\frac{1}{2}$）情况下为真；在 $\varphi$ 是真的情况下为假。

**蕴涵：** 只有当 $\varphi$ 是真的但 $\psi$ 不是真的情况下，$\varphi \to^* \psi$ 为假；其他情况为真。

**析取：** $\varphi$ 和 $\psi$ 其中之一为真时，$\varphi \vee^* \psi$ 为真；其他情况为假。

**合取：** $\varphi$ 和 $\psi$ 都为真时，$\varphi \wedge^* \psi$ 为真；其他情况为假。

一个（博奇瓦尔三值逻辑）真值指派是一个函数 $v: P \to \{0, \frac{1}{2}, 1\}$，其中 $P$ 是所有原子命题的集合。一个（博奇瓦尔三值逻辑）重言式是一个在任意真值指派下值都是 1 的公式。下述关于博奇瓦尔三值逻辑的事实成立：

- 内部逻辑没有重言式。
- 外部逻辑的重言式等同于经典命题逻辑的重言式。

我们可以用相似的方式定义其他连接词。如引入连接词 $A^*$，其直观含义为：

- $A^*\varphi$：$\varphi$ 是真的。

它的真值表如下：

| $\varphi$ | $A^*\varphi$ |
|-----------|--------------|
| 0 | 0 |
| $\frac{1}{2}$ | 0 |
| 1 | 1 |

或者引入连接词 $+$，其直观含义为：

- $+\varphi$：$\varphi$ 是有意义的。

它的真值表为：

| $\varphi$ | $+\varphi$ |
|-----------|------------|
| 0 | 1 |
| $\frac{1}{2}$ | 0 |
| 1 | 1 |

事实上，我们可以使用 $A^*$ 来替换博奇瓦尔三值逻辑的所有外部连接词：

- $\neg^* \varphi =_{df} \neg A^* \varphi$

- $\varphi \to^* \psi =_{df} A^* \varphi \to A^* \psi$

- $\varphi \vee^* \psi =_{df} A^* \varphi \vee A^* \psi$

- $\varphi \wedge^* \psi =_{df} A^* \varphi \wedge A^* \psi$

**练习 10.4** 验证：上面外部连接词的定义等价于它们真值表的定义。

# 第 11 章 相干逻辑

我们在 8.1 节中介绍了 8 个实质蕴涵悖论的实例。使用条件句逻辑中的蕴涵连接词可以消除其中 6 个（3~8，见 8.4 节）。还有两个悖论使用条件句逻辑不能消除，即把 → 替换为条件句逻辑的蕴涵 >，下面的公式仍然是有效的：

- $(\varphi \wedge \neg\varphi) \rightarrow \psi$
- $\psi \rightarrow (\varphi \vee \neg\varphi)$

这两个公式可表述为：假命题蕴涵任何命题；真命题被任何命题蕴涵。刘易斯的条件句逻辑来源于对反事实条件句的分析，与这两种实质蕴涵悖论的来源无关，因此不能用于处理此类悖论。

简言之，我们直观上拒斥这两个公式的有效性，在于作为蕴涵公式，它们的前件和后件没有关联。还有其他类似的命题逻辑的重言式。例如：

- $\varphi \rightarrow (\psi \rightarrow \varphi)$

该公式表达，如果 $\varphi$ 是真的，那么任意公式 $\psi$ 蕴涵 $\varphi$。

- $\neg\varphi \rightarrow (\varphi \rightarrow \psi)$

该公式表达，如果 $\varphi$ 是假的，那么 $\varphi$ 蕴涵任意公式 $\psi$。

- $(\psi \rightarrow \varphi) \vee (\varphi \rightarrow \chi)$

该公式表达，（因为 $\varphi$ 要么是真的要么是假的，）后件为真或者前件为假，则蕴涵公式为真。

蕴涵连接词在自然语言中的对应物是条件句的"如果……那么……"。按照我们对条件句的理解，真的条件句，其前提和结论之间应该有关联。

- 如果 $A$，那么海水是咸的。
- 如果海水是甜的，那么 $A$。

不管 $A$ 是什么命题，这两个句子形式化后都是真的，因为它们一个后件为真，一个前件为假。但是，任何明理的普通人都可以立即判断出下面的句子是错的：

- 如果我不吃早餐，那么海水是咸的。

- 如果海水是甜的，那么我不吃早餐。

并且，人们可以立即指出它们的错误之处：海水是甜的还是咸的，与某人吃不吃早餐完全无关。

相干逻辑学家试图处理这个问题。一般认为，相干逻辑的创始人是美国逻辑学家、哲学家贝尔纳普（Nuel Belnap，生于 1930 年）和美国逻辑学家安德森（Alan Ross Anderson，1925~1973 年）。贝尔纳普是逻辑哲学、时态逻辑、多值逻辑、证明论等多个领域的领先学者。贝尔纳普提出的 STIT 逻辑、分支时空理论在逻辑学、物理学等领域产生了巨大的影响。贝尔纳普与安德森是第一个从前提与结论的相关性这个角度探讨使用蕴涵连接词的学者。这个问题比它乍看上去要棘手得多。

图 11.1　贝尔纳普

前提要和结论相关，这种相关性似乎从本质上指的是内涵相关，指的是前提和结论，以及前提中的概念与结论中的概念的含义具有相关性。但逻辑从本质上是外延的。正如逻辑学家常挂在口头的箴言：逻辑只管形式不管内容。那么，剩下的问题就是，使用外延性的逻辑如何且在多大程度上能够刻画蕴涵公式前件与后件相关联？

本书前面章节中介绍的哲学逻辑，通常都冠以"标准"之名，如标准信念逻辑、标准道义逻辑等。虽然称之为标准逻辑并不代表它就是刻画相应对象的合适的、最好的逻辑，但是它们已被作为研究相应逻辑的基础。信念逻辑的研究通常是从标准信念逻辑 $KD45$ 开始的。

相干逻辑的情况则复杂得多。似乎没有一个公认的标准相干逻辑。哲学逻辑距离它的终极目标——使用逻辑形式化人类理性和智能——仍有相当距离。相干逻辑是一个例证，说明这条道路的困难性。

## 11.1　变元共享

使用外延的方式刻画"前后件相关"，变元共享原则是容易想到的做法。变元共享原则，即

- $\varphi \to \psi$ 成立，仅当至少存在一个命题变元 $p$，使得 $p$ 在 $\varphi$ 和 $\psi$ 中都出现。

按照变元共享原则，前后件变元共享是蕴涵公式成立的一个必要条件。换句话说，如果蕴涵公式的前件和后件没有一个相同的命题变元，则前件和后件一定无关联。

前面提到，8.1 节中的悖论（1）和（2）不能在条件句逻辑中消除：

- $(p \wedge \neg p) \to q$
- $p \to (q \vee \neg q)$

但它们显然违背了变元共享原则，因此在相干逻辑中都不是有效的。

另外，变元共享只是一个必要条件而不是一个充分条件。满足变元共享原则，并不能保证前件和后件有关联。例如，

- $((p \wedge \neg p) \wedge (q \vee \neg q)) \to q$

该公式符合变元共享原则，前后件有一个共享的变元 $q$。但这个公式与上面的悖论（1）除了句法形式外，显然没有本质差别，因此它的前后件之间无关联。前件中虽然有 $q$ 出现，但 $q$ 并非是有"意义"的出现，因为合取公式的一个合取支 $(p \wedge \neg p)$ 为假已经保证整个公式为假。

考察另一个例子。下面的公式是命题逻辑的重言式：

- $\neg(p \to q) \to (q \to r)$ 是经典逻辑的重言式。

显然，该公式符合变元共享原则，前后件共享变元 $q$。但这个蕴涵公式前件和后件之间缺乏关联性。前件表达的是 $p$ 和 $q$ 之间的关系。从前件不应该得到任何如后件表达的关于 $q$ 和 $r$ 之间关系的信息。下面是一个该公式的违反直觉的实例。

- "如果我在中山大学则我在北京"为假，那么，若我在北京则地球是方的。

下面另一个例子：

- $p \to (q \to p)$

这个命题重言式也是表达"真公式被一切蕴涵"的方式。相干逻辑不接受这个重言式，因为 $q$ 与"推出 $p$"不相关。容易构造它的反例：

- 如果海水是咸的，那么，如果 1+1=2 则海水是咸的。

下面两个公式在经典命题逻辑中是等价的：

(1) $p \to (q \to p)$

(2) $(p \land q) \to p$

相干逻辑不接受公式（1），但接受公式（2）。公式（2）的前件 $(p \land q)$ 以一个整体作为条件句的前提，$(p \land q)$ 与后件 $p$ 是相关的。上面公式（1）的反例在公式（2）下为：

- 如果海水是咸的并且 1+1=2，那么海水是咸的。

显然，上面的句子成立。

罗素是第一个使用变元共享原则的人（罗素实际上要求前件和后件中使用完全相同的变元）。相干逻辑学家通常都接受变元共享原则。除变元共享原则外，相干逻辑还应该有其他什么原则、特性？逻辑学家对这个问题并没有达成一致的回答。

## 11.2　相干逻辑的句法与公理系统

相干逻辑与经典逻辑使用相同的句法。公式由以下规则生成：

$$\varphi ::= p \mid \neg\varphi \mid \varphi \land \varphi \mid \varphi \to \varphi$$

$\lor$ 和 $\leftrightarrow$ 由通常方式定义。

相干逻辑句法导向的。相干逻辑研究的起点是其句法推理系统。有了句法推理系统之后，逻辑学家再尝试为其寻找合适的模型和语义。

迄今为止，关于哪个逻辑系统可以被认为是"正确的"相干逻辑，并没有形成共识。在已提出的逻辑系统中，系统 $R$ 是目前影响最大的一个。系统 $R$ 由如下公理和规则组成：

**A1：** $\varphi \to \varphi$

**A2：** $(\varphi \land \psi) \to \varphi, (\varphi \land \psi) \to \psi$

**A3：** $((\chi \to \varphi) \wedge (\chi \to \psi)) \to (\chi \to (\varphi \wedge \psi))$

**A4：** $((\varphi \to \chi) \wedge (\psi \to \chi)) \to ((\varphi \vee \psi) \to \chi)$

**A5：** $\varphi \to (\varphi \vee \psi), \psi \to (\varphi \vee \psi)$

**A6：** $(\varphi \wedge (\psi \vee \chi)) \to ((\varphi \wedge \psi) \vee (\varphi \wedge \chi))$

**A7：** $(\varphi \to \psi) \to ((\psi \to \chi) \to (\varphi \to \chi))$

**A8：** $(\varphi \to (\varphi \to \psi)) \to (\varphi \to \psi)$

**A9：** $(\varphi \to (\psi \to \chi)) \to (\psi \to (\varphi \to \chi))$

**A10：** $\neg\neg\varphi \to \varphi$

**A11：** $(\varphi \to \neg\psi) \to (\psi \to \neg\varphi)$

**A12：** $(\varphi \to \neg\varphi) \to \neg\varphi$

**分离规则：** $\varphi, \varphi \to \psi \ / \ \psi$

**合并规则：** $\varphi, \psi \ / \ \varphi \wedge \psi$

## 11.3　相干逻辑的模型和语义

相干逻辑有多样的模型和语义。我们这里介绍的是影响最大的、基于可能世界模型的语义。

我们在模态逻辑章节中介绍了 □（◇）这样的模态词。我们称 □ 是一个一元模态词。□ 后跟一个公式仍是一个公式（如 □$\varphi$）。自然地，我们可以考虑二元模态词、三元模态词，以及任意 $n$ 元模态词。如果 ■ 是一个二元模态词，则 ■$(\varphi, \psi)$ 是一个公式。在可能世界模型上，一元模态词对应的是一个二元关系，二元模态词对应的则是一个三元关系。类似地，我们可以把二元的蕴涵连接词处理为一个二元模态词，把它解释在可能世界模型的一个三元关系上。

令 $W$ 是一个点（可能世界、状态）集，$R$ 是 $W$ 上的一个三元关系，则蕴涵连接词有如下的语义定义：

- $\mathfrak{M}, w \models \varphi \to \psi$，如果对任意 $u, v$ 使得 $Rwuv$ 有，如果 $\mathfrak{M}, u \models \varphi$ 则 $\mathfrak{M}, v \models \psi$。

我们在 1.1 节中给出了几个相干逻辑排斥的经典逻辑重言式。不难验证，在这个语义定义下,这些重言式不再是有效的公式。例如,$p \to (q \to p)$ 不再是有效的。我们容易构造一个模型,使得 $Rwuv$ 成立,$p$ 在 $u$ 上为真,但 $(q \to p)$ 在 $v$ 上为假。

由于蕴涵公式的前件和后件分别在不同的可能世界估值,所以我们很容易构造出蕴含公式的反模型。读者可以自行选择系统 $R$ 的各个公理,尝试构造它们的反模型。

例 8.2 中定义了严格蕴涵连接词 $\rightarrowtail$,使得 $\varphi \rightarrowtail \psi = \Box(\varphi \to \psi)$,其中 $\Box$ 是模态必然算子。在这种理解下,$\varphi$ 蕴涵 $\psi$ 要在可能世界 $w$ 为真,意味着在所有 $w$ 可通达的可能世界 $v$ 上都有如果 $\varphi$ 为真那么 $\psi$ 为真。相干蕴涵的三元关系语义可以看作严格蕴涵语义的一般化,即把 $w$ 可通达的可能世界 $v$ 一分为二为 $v_1$ 和 $v_2$,要求如果 $\varphi$ 在 $v_1$ 为真那么 $\psi$ 在 $v_2$ 为真。

如同模态逻辑中所做的,我们可以在三元关系 $R$ 上附加限制条件,使得一些"好"的公式成为有效的公式。

**练习 11.1** 证明:公式 $\varphi \to ((\varphi \to \psi) \to \psi)$ 在一个框架上有效,当且仅当,该框架上的 $R$ 关系满足:如果 $Rwuv$ 则 $Ruwv$。

我们可以通过复合多个关系得到新的关系。如叔侄关系可以通过父子关系和兄弟关系得到。形式上,可以从两个三元关系中定义一个四元关系如下:

$$Rwuvs =_{df} \exists x(Rwux \land Rxvs)$$

在三元关系中使用不同的点次序,可以得到不同的四元关系。定义另一个四元关系如下:

$$Rw(uv)s =_{df} \exists x(Rwxs \land Ruvx)$$

一般地,可以使用两个 $n$ 元关系定义一个 $n+1$ 元关系。我们不再就这个话题深入讨论。

公式的有效性与框架条件之间的对应关系见表 11.1,其中收集了一些重要的实例。

我们需要附加一些限制条件,使得系统 $R$ 中的定理都是有效公式。这些限制条件将在完整的模型定义中给出。

相干逻辑是句法导向的。这一点与很多其他哲学逻辑如信念逻辑不同。我们首先有一个对信念概念的解释,然后依据这个解释构造信念模型和定义语义,最后给出信念逻辑的句法公理系统。相干逻辑则刚好相反。我们先有句法系统及由之而来的模型和语义定义,然后再尝试给这个模型找到一个直观的解释。

表 11.1　公式与框架条件的对应关系

| 公式 | 框架条件（所有点都有全称量词约束） |
|---|---|
| $\varphi \rightarrow ((\varphi \rightarrow \psi) \rightarrow \psi)$ | 如果 $Rwuv$ 则 $Ruwv$ |
| $((\varphi \rightarrow \psi) \wedge \varphi) \rightarrow \psi$ | $Rwww$ |
| $\varphi \rightarrow (\psi \rightarrow \varphi)$ | $Rwuw$ |
| $\varphi \rightarrow (\psi \rightarrow \psi)$ | $Rwuu$ |
| $(\psi \rightarrow \chi) \rightarrow ((\varphi \rightarrow \psi) \rightarrow (\varphi \rightarrow \chi))$ | 如果 $Rwuvs$ 则 $Rw(uv)s$ |
| $(\varphi \rightarrow \psi) \rightarrow ((\psi \rightarrow \chi) \rightarrow (\varphi \rightarrow \chi))$ | 如果 $Rwuvs$ 则 $Ru(wv)s$ |
| $(\varphi \rightarrow (\varphi \rightarrow \psi)) \rightarrow (\varphi \rightarrow \psi)$ | 如果 $Rwuv$ 则 $Rwuuv$ |
| $(\varphi \rightarrow (\psi \rightarrow \chi)) \rightarrow (\psi \rightarrow (\varphi \rightarrow \chi))$ | 如果 $Rwuvs$ 则 $Rwvus$ |
| $\neg\neg\varphi \rightarrow \varphi$；$\varphi \rightarrow \varphi\neg\neg$ | $w^{**} = w$ |
| $(\varphi \rightarrow \neg\psi) \rightarrow (\psi \rightarrow \neg\varphi)$ | 如果 $Rwuv$ 则 $Rwv^*u^*$ |

逻辑哲学家已经给出了至少 5 种解释。其中一种大致可表述为：模型中的每个点代表一个信息块（piece of information）。$Rwuv$ 意味着，聚合信息块 $w$ 和信息块 $u$ 后得到的是 $v$ 中的一个信息块。

相干逻辑在模型中使用一个一元函数 $*: W \rightarrow W$ 刻画否定连接词。令 $w^* = *(w)$，否定连接词的语义定义如下：

- $\mathfrak{M}, w \models \neg\varphi$，如果 $\mathfrak{M}, w^* \not\models \varphi$。

类似地，函数 $*$ 是出于技术原因引入的。在引入它之后，逻辑哲学家尝试给它直观解释。我们这里介绍其中一种比较流行的解释。

首先，我们区分两种不同类型的表达。一种是真实的断言，另一种是弱断言（没有拒绝承认理由的断言）。

（1）　我们当前没有接收到任何外星人的信号。

（2）　火星人屏蔽了所有外星人发给我们的信号。

句子（1）是真实断言；句子（2）是弱断言，虽然它看起来很荒唐，但我们没有证据否定它。

直观上，$w^*$ 是包含所有 $w$ 上的弱断言的可能世界。

**定义 11.1**　一个相干逻辑模型是一个多元组 $\mathfrak{M} = (W, w, *, R, V)$ 满足以下条件：

（1） $W$ 是一个非空的集合，$w \in W$。

（2） $*: W \to W$ 是一个函数；$R$ 是 $W$ 上的一个三元关系。令 $u, v, s, t$ 是 $W$ 中的任意点，则以下成立：

    (a) $u^{**} = u$。

    (b) 如果 $Ruvs$ 则 $Rus^*v^*$。

    (c) $Rwuu$。

    (d) 如果 $Ruvs$ 则 $Rvus$。

    (e) 如果 $R^2(uv)st$（即 $\exists x(Ruvx \wedge Rxst)$）则 $R^2u(vs)t$（即 $\exists x(Ruxt \wedge Rvsx)$）。

    (f) $Ruuu$。

    (g) 如果 $Ruvs$ 且 $Rwu'u$ 则 $Ru'vs$。

（3） $V: P \times W \to \{0, 1\}$ 是一个赋值函数使得对任意命题变元 $p$，如果 $V(p, u) = 1$ 且 $Rwuv$，则 $V(p, v) = 1$。

相干逻辑的语义定义如下：

**定义 11.2**　令 $\mathfrak{M} = (W, w, *, R, V)$ 是一个相干逻辑模型，$u \in W$，$\varphi$ 是任意公式。$\mathfrak{M}, u \models \varphi$ 归纳定义如下：

- $\mathfrak{M}, u \models p$，当且仅当，$V(p, u) = 1$，其中 $p$ 是一个命题变元；

- $\mathfrak{M}, u \models \varphi \vee \psi$，当且仅当，$\mathfrak{M}, u \models \varphi$ 或者 $\mathfrak{M}, u \models \psi$；

- $\mathfrak{M}, u \models \varphi \wedge \psi$，当且仅当，$\mathfrak{M}, u \models \varphi$ 并且 $\mathfrak{M}, u \models \psi$；

- $\mathfrak{M}, u \models \neg\varphi$，当且仅当，$\mathfrak{M}, u^* \not\models \varphi$；

- $\mathfrak{M}, u \models \varphi \to \psi$，当且仅当，对任意 $s, v$ 使得 $Rusv$ 有，如果 $\mathfrak{M}, s \models \varphi$ 则 $\mathfrak{M}, v \models \psi$。

公式 $\varphi$ 在模型 $\mathfrak{M} = (W, w, *, R, V)$ 上为真，记为 $\mathfrak{M} \models \varphi$，如果 $\mathfrak{M}, w \models \varphi$。公式 $\varphi$ 是有效的，如果 $\varphi$ 在所有模型上都为真。

我们有系统 $R$ 相对于上面的语义定义是可靠和完全的。

**定理 11.1**　对任意公式 $\varphi$，$\varphi$ 是系统 $R$ 中的定理，当且仅当，$\varphi$ 是相干逻辑语义下的有效公式。

# 第 12 章  悖论与"真"理论

"真"理论（truth theory）是关于"真"这个概念的理论。我们在这里加上引号，以将之区别于讨论真理的"真理"论。"真"理论来源于对悖论的讨论。"真"理论处理的核心问题，是如何为包含悖论的句子赋予真值。

本章的内容与前面的章节有所不同。我们在"真"理论中并不定义一个新的逻辑。"真"理论要做的，是尝试为包含自指的句子提供真值定义。

说谎者悖论大概是最广为人知的逻辑悖论，部分原因在于说谎者悖论具有非常简单的形式：

**A：** A 不是真的。

句子 A 构成了说谎者悖论。假设 A 是真的，那么按照这个句子本身的陈述，A 是假的；假设 A 是假的，则立刻可推出 A 是真的。那么，A 这个句子到底是真的还是假的呢？似乎唯一正确的回答，应该是 A 既不是真的也不是假的，这样的句子与"真值"这样的概念互斥。

我们把句子 A 写成如下更形式化的形式：

**A：** 并非，$T$'A'。

句子 A 之所以难以被赋予真值，是因为它有两个特征：

(1)  句子 A 包含自指，在 A 中包含对它自己的引用。A 中的 'A' 是 A 的名字。

(2)  句子 A 包含一个一元谓词 $T$，读作"是真的"。我们称这个谓词为"真谓词"。

波兰裔美国逻辑学家塔斯基（Tarski，1902～1983 年）奠定了谓词逻辑的语义学基础。对于 A 这样的句子，塔斯基认为，我们无法为它们的真值给出一个形式定义。塔斯基认为，一个允许自指符号且包含真谓词的形式语言必定是不一致的。如果塔斯基是对的，那就意味着我们无法使用形式化方法研究包括说谎者悖论在内的问题。

逻辑学家很快发现，塔斯基的观点不尽正确。贝尔纳普和他的学生——印裔美国逻辑学家古普塔（Anil Gupta，生于 1949 年）证明了存在一致的允许自指符号且包含真谓词的形式语言。那么，接下来的问题就是，如何为这样的形式语言定义一个合适的语义定义。显然，我们不能直接使用经典谓词逻辑的语义学。

迄今为止，逻辑学界对这个问题并没有一个统一的、公认的解决方案。逻辑学家给出的形式化方法可分为两类。一类是由古普塔和贝尔纳普倡导的修正理论，另一类是由克里普克倡导的不动点理论。本章的后续部分将分别介绍这两种理论，并以修正理论为主。

## 12.1　悖论句子的真值

我们再来仔细考察是如何从句子 A 中推出矛盾的。

（1）　A 是真的。

（2）　'A' 是真的，当且仅当，A 不是真的。

（3）　A='A'。

（4）　A 不是真的。

在这个推理中，（1）是前提假设，（4）是推理结论。（2）被称为 T 双态（T-biconditional），它的一般形式是：

- '$p$' 是真的，当且仅当，$p$。

从这个推理的结论"A 不是真的"出发，我们又可以推出"A 是真的"：

（1）　A 不是真的。

（2）　'A' 是真的，当且仅当，A 不是真的。

（3）　A='A'。

（4）　A 是真的。

T 双态反映了我们对"真"的一个基本观念，即"'A' 是真的"与"A"这两个句子应该具有相同的真值。T 双态是我们对句子真假做推理时的一个背景预设。

把上面对说谎者悖论的推理过程迭代地进行下去，关于 A 的真值，我们得到一个真和假交错出现的序列：真假真假真假……

我们再来看一个更复杂的例子。考察下面三个句子：

**B：** 要么 C 是真的，要么 D 是真的。

**C：** B 是真的。

**D：** B 不是真的。

假设句子 B 是真的。则由 T 双态条件，"B 是真的"是真的，即句子 C 是真的，句子 D 是假的。由这个结论出发继续推理，我们始终只能得到，B 是真的，C 是真的，D 是假的。

假设句子 B 是假的。则"B 不是真的"是真的，即 D 是真的。则"要么 C 是真的，要么 D 是真的"是真的，即 B 是真的。由这个结论出发继续推理，我们始终只能得到，B 是真的，C 是真的，D 是假的。

因此，不管我们从哪个假设出发开始迭代推理，最多三步之后，这些句子的真值将稳定在 B 真 C 真 D 假。这与句子 A 的例子中始终真假交错的情况不同。我们可以更有信心地说，可以为 B、C 和 D 赋予分别是真真假的真值。

"真"理论的修正理论，就是通过考察句子随着迭代推理的过程，其真值的变化方式，来为句子赋予有意义的真值。

## 12.2　修正理论

**定义 12.1**　给定一个一阶语言 $\mathcal{L}$，$Sent(\mathcal{L})$ 是所有 $\mathcal{L}$ 的句子集。令 $\mathcal{L}$ 和 $\mathcal{L}^+$ 是两个一阶语言满足下面两个条件。

（1）　$\mathcal{L}^+ = \mathcal{L} \cup \{T\}$，其中 $T$ 是一个一元谓词，称为真谓词符号。

（2）　对任意句子 $A \in Sent(\mathcal{L}^+)$，$'A'$ 是 $\mathcal{L}$ 中的常元符号。

则我们称 $\mathcal{L}^+$ 是一个真语言，$\mathcal{L}$ 是 $\mathcal{L}^+$ 的基语言。我们称 $'A'$ 是 $A$ 的<u>引用名</u>。

显然，$\mathcal{L}^+$ 中包含它所有句子的自指，且包含真谓词。

**定义 12.2**　给定真语言 $\mathcal{L}^+$，$\mathcal{L}^+$ 的<u>基模型</u>是一个 $\mathcal{L}$ 的经典模型 $\mathfrak{M} = (D, I)$，其中

- $Sent(\mathcal{L}) \in D$；
- 对任意 $A \in Sent(\mathcal{L})$，$I('A') = A$。

任意句子都是基模型中的一个个体，且基模型将引用名解释为它引用的那个句子。

"真"理论的核心任务，就是将基模型扩展为真语言 $\mathcal{L}^+$ 的模型，即给真谓词一个解释。记这个扩展的解释为 $I'$。显然，我们希望 $I'$ 满足塔斯基的 T 双态：

- $T('A')$ 当且仅当 $A$

也就是说，$I'(T('A')) = I'(A)$。但是这一点并不能保证，说谎者悖论就是一个反例。

**定义 12.3** 令 $\mathcal{L}^+$ 是一个真语言，$\mathfrak{M} = (D, I)$ 是它的一个基模型。一个(经典)假设（classical hypothesis）是一个函数 $h : D \to \{t, f\}$。一个假设意指一种真谓词的经典解释。

**例 12.1** 令真语言 $\mathcal{L}^+$ 中只包含一个谓词即真谓词 $T$，包含如下四个句子：

- $A = T(B) \vee T(D)$
- $B = T(A)$
- $C = \neg T(A)$
- $D = \neg T(D)$

令 $h_0$ 是一个假设使得 $h_0(A) = f$，$h_0(B) = t$，$h_0(C) = f$，$h_0(D) = f$。从 $h_0$ 出发进行推理如下：

- 因为 $A$ 为假，所以有 $\neg T(A)$。
- 因为 $B$ 为真，所以有 $T(B)$。
- 因为 $C$ 为假，所以有 $\neg T(C)$。
- 因为 $D$ 为假，所以有 $\neg T(D)$。

由此，我们得到：

- $A$ 是真的，因为有 $T(B)$。
- $B$ 不是真的，因为有 $\neg T(A)$。
- $C$ 是真的，因为有 $\neg T(A)$。

- $D$ 是真的, 因为有 $\neg T(D)$。

我们得到了一个新的假设 $h_1$: $h_1(A) = t$, $h_1(B) = f$, $h_1(C) = t$, $h_1(D) = t$。

从假设 $h_1$ 出发进行类似推理, 我们可以得到假设 $h_2$: $h_2(A) = t$, $h_2(B) = t$, $h_2(C) = f$, $h_2(D) = f$。继续迭代地进行推理, 我们可以得到一个假设的序列: $h_0, h_1, h_2, \cdots$

我们现在给出这个迭代地修正真值的过程的数学定义。

**定义 12.4**  给定 $\mathcal{L}^+$ 的一个基模型 $\mathfrak{M}$ 和一个假设 $h$。

- $\mathfrak{M} + h$ 是 $\mathcal{L}^+$ 的模型使得 $h$ 就是对真谓词 $T$ 的解释。
- $Val_{\mathfrak{M}+h}(d)$ 是模型 $\mathfrak{M} + h$ 中句子 $d$ 的真值。
- $CH_{\mathfrak{M}}$ 是所有 $\mathfrak{M}$ 上假设的集合。
- 一个修正规则是一个函数 $\tau_{\mathfrak{M}}: CH_{\mathfrak{M}} \to CH_{\mathfrak{M}}$ 使得对任意 $h \in CH_{\mathfrak{M}}$, 任意 $d \in D$,

$$\tau_{\mathfrak{M}}(h)(d) = \begin{cases} t, & \text{若 } d \in Sent(\mathcal{L}^+) \text{ 和 } Val_{\mathfrak{M}+h}(d) = t \\ f, & \text{其他} \end{cases}$$

例 12.1 中从假设 $h_0$ 出发, 重复使用修正规则, 得到的假设序列如表 12.1 所示。

表 12.1  例 12.1 假设序列

|   | $h_0$ | $h_1$ | $h_2$ | $h_3$ | $h_4$ |   |
|---|---|---|---|---|---|---|
| $A$ | $f$ | $t$ | $t$ | $t$ | $t$ | $\cdots$ |
| $B$ | $t$ | $f$ | $t$ | $t$ | $t$ | $\cdots$ |
| $C$ | $f$ | $t$ | $f$ | $f$ | $f$ | $\cdots$ |
| $D$ | $f$ | $t$ | $f$ | $t$ | $f$ | $\cdots$ |

在这个假设序列下, 句子 $A$ 在第二步之后稳定为真, 句子 $B$ 在第三步后稳定为真, 句子 $C$ 在第三步后稳定为假。句子 $D$ (说谎者悖论) 的真假则始终不能稳定。

我们再来看一个更复杂的例子。

**例 12.2**  令真语言 $\mathcal{L}^+$ 中包含两个谓词即真谓词 $T$ 和一元谓词 $P$, 包含如下可数无穷多个句子：

- $A_0 = T(A_0) \vee \neg T(A_0)$

- $A_1 = T(A_0)$

- $A_2 = T(A_1)$

- $A_3 = T(A_2)$

- $\cdots$

$A_0$ 是一个重言式。任意 $A_n$ 陈述 $A_{n-1}$ 为真。基模型对一元谓词 $P$ 的解释使得对任意常元 $A$，

- $I(P)(A) = t$，当且仅当，对某个自然数 $n$ 有 $A = A_n$。

则一元谓词 $P$ 的直观含义是 "是某个 $A$ 类句子"。最后，我们定义一个句子

- $B = \forall x(Px \to Tx)$

句子 $B$ 的直观含义是 "任意 $A_n$ 都为真"。令初始假设为 $h_0$ 使得，对任意自然数 $n$，

- $h_0(A_n) = h_0(B) = f$

则从假设 $h_0$ 出发，重复使用修正规则，得到的假设序列如表 12.2 所示。

表 12.2　例 12.2 假设序列

|       | $h_0$ | $h_1$ | $h_2$ | $h_3$ | $h_4$ | $\cdots$ |
|-------|-------|-------|-------|-------|-------|----------|
| $A_0$ | $f$   | $t$   | $t$   | $t$   | $t$   | $\cdots$ |
| $A_1$ | $f$   | $f$   | $t$   | $t$   | $t$   | $\cdots$ |
| $A_2$ | $f$   | $f$   | $f$   | $t$   | $t$   | $\cdots$ |
| $A_3$ | $f$   | $f$   | $f$   | $f$   | $t$   | $\cdots$ |
| $A_4$ | $f$   | $f$   | $f$   | $f$   | $f$   | $\cdots$ |
| $\vdots$ | $\vdots$ | $\vdots$ | $\vdots$ | $\vdots$ | $\vdots$ | $\vdots$ |
| $B$   | $f$   | $f$   | $f$   | $f$   | $f$   | $\cdots$ |

在这个假设序列 $h_0, h_1, h_2, \cdots$ 下，句子 $A_n$ 从第 $n+2$ 步之后稳定为真。因为在有穷步内总有 $A_n$ 为假，所以 $B$ 始终为假。如果我们允许修正过程超越有穷步，进入超穷序数步，则句子 $B$ 将在 $h_{\omega+1}$ 之后稳定为真。得到的假设序列如表 12.3 所示。

表 12.3    修正过程超越有穷步的假设序列

| | $h_0$ | $h_1$ | $h_2$ | $h_3$ | $h_4$ | $\cdots$ | $h_\omega$ | $h_{\omega+1}$ | $h_{\omega+2}$ | $\cdots$ |
|---|---|---|---|---|---|---|---|---|---|---|
| $A_0$ | $f$ | $t$ | $t$ | $t$ | $t$ | $\cdots$ | $t$ | $t$ | $t$ | $\cdots$ |
| $A_1$ | $f$ | $f$ | $t$ | $t$ | $t$ | $\cdots$ | $t$ | $t$ | $t$ | $\cdots$ |
| $A_2$ | $f$ | $f$ | $f$ | $t$ | $t$ | $\cdots$ | $t$ | $t$ | $t$ | $\cdots$ |
| $A_3$ | $f$ | $f$ | $f$ | $f$ | $t$ | $\cdots$ | $t$ | $t$ | $t$ | $\cdots$ |
| $A_4$ | $f$ | $f$ | $f$ | $f$ | $f$ | $\cdots$ | $t$ | $t$ | $t$ | $\cdots$ |
| $\vdots$ | $\vdots$ | $\vdots$ | $\vdots$ | $\vdots$ | $\vdots$ | $\vdots$ | $\vdots$ | $\vdots$ | $\vdots$ | $\vdots$ |
| $B$ | $f$ | $f$ | $f$ | $f$ | $f$ | $\cdots$ | $f$ | $t$ | $t$ | $\cdots$ |

上面的例子表明，超穷步的修正是有意义的，将会带来差异。

修正过程中，每一步都依赖于前一步得到的结果，重复使用修正规则。那么，如何处理极限序数的情况。如上面例子中的 $h_\omega$，极限序数 $\omega$ 之前并不存在一个 "前一步"，让我们可以据之使用修正规则。逻辑学家提出了多种不同的修正理论，分别使用不同的方式处理极限序数的情况。贝尔纳普和古普塔采用的是一种自由的态度，即如果在极限序数步之前，假设序列还没有达到稳定的状态，则可以为极限序数步任意指定一个真或者假的真值。

**定义 12.5**  令 $\mathcal{L}^+$ 是一个真语言，$\mathfrak{M} = (D, I)$ 是 $\mathcal{L}^+$ 的一个基模型。令 $On$ 是所有序数的类。$H$ 是一个 $On$ 长的假设序列。则对任意序数 $\alpha \in On$, $h_\alpha \in H$。令 $d \in D$。

- 称 $d$ 在 $H$ 中是稳定真的，如果存在一个序数 $\alpha$ 使得，对任意 $\beta > \alpha$ 有，$h_\beta(d) = t$。

- 称 $d$ 在 $H$ 中是稳定假的，如果存在一个序数 $\alpha$ 使得，对任意 $\beta > \alpha$ 有，$h_\beta(d) = f$。

令 $\gamma$ 是一个极限序数，则 $H|_\gamma$ 由截取 $H$ 中的前 $\gamma$ 个假设得到，不包括 $h_\gamma$。

- 称 $d$ 在 $H|_\gamma$ 中是稳定真的（stably true），如果存在一个序数 $\alpha$ 使得，对任意 $\beta$ 使得 $\alpha \leqslant \beta < \gamma$ 有，$h_\beta(d) = t$。

- 称 $d$ 在 $H|_\gamma$ 中是稳定假的（stably false），如果存在一个序数 $\alpha$ 使得，对任意 $\beta$ 使得 $\alpha \leqslant \beta < \gamma$ 有，$h_\beta(d) = f$。

我们称 $H$ 是一个修正序列，如果 $H$ 满足如下条件：

- 对任意 $\alpha \in On$，$h_{\alpha+1} = \tau_{\mathfrak{M}}(h_\alpha)$。
- 对任意极限序数 $\gamma$，任意 $d \in D$，有
    - 如果 $d$ 在 $H|_\gamma$ 中稳定真，则 $h_\gamma(d) = t$。
    - 如果 $d$ 在 $H|_\gamma$ 中稳定假，则 $h_\gamma(d) = f$。

"真"理论探讨的问题是如何给任意句子（包含自指和真谓词）赋予真值。从上面的定义可以看到，给定模型，有些句子虽然它的真值当前不能确定，但经过一定的修正步骤后，它将具有稳定的真值，我们可以将此真值赋予这个句子。

**定义 12.6**  令 $\mathcal{L}^+$ 是一个真语言，$\mathfrak{M} = (D, I)$ 是 $\mathcal{L}^+$ 的一个基模型。我们称一个句子是

- 断然真的（categorically true），如果它在所有基于 $\mathfrak{M}$ 的修正序列中都是稳定真的。
- 断然假的（categorically false），如果它在所有基于 $\mathfrak{M}$ 的修正序列中都是稳定假的。

断然真的句子是真的，断然假的句子是假的，我们很容易辩护这样的论断。句子在修正序列中的真假转换在一般情况下可能不会如断言真或假的句子这般有序。如下面的例子所示。

**例 12.3**  令真语言 $\mathcal{L}^+$ 中包含两个谓词即真谓词 $T$ 和一元谓词 $P$，包含如下可数无穷多个句子：

- $A_0 = \exists x(Px \wedge \neg Tx)$ 文献中提出过多种性质不一的修正理论。
- $A_1 = T(A_0)$
- $A_2 = T(A_1)$
- $A_3 = T(A_2)$
- $\cdots$

基模型对一元谓词 $P$ 的解释使得对任意常元 $A$，

- $I(P)(A) = t$，当且仅当，对某个自然数 $n$ 有 $A = A_n$。

句子 $A_0$ 的直观含义是"存在某个 A 类句子为假"。最后，我们定义一个句子

- $B = T(B) \lor \forall x \forall y((Px \land \neg Tx \land Py \land \neg Ty) \to x = y)$

句子 $B$ 的直观含义是"要么 $B$ 是真的，要么 A 类句子中最多一个为假"。令初始假设为 $h_0$ 使得，对任意自然数 $n$，

- $h_0(A_n) = h_0(B) = f$

则从假设 $h_0$ 出发的修正序列如表 12.4 所示。

表 12.4 修正序列

|       | $h_0$ | $h_1$ | $h_2$ | $h_3$ | $h_4$ | $\cdots$ | $h_\omega$ | $h_{\omega+1}$ | $h_{\omega+2}$ | $h_{\omega+3}$ | $\cdots$ | $h_{\omega\times2}$ | $h_{\omega\times2+1}$ | $h_{\omega\times2+2}$ | $\cdots$ |
|-------|-------|-------|-------|-------|-------|----------|-----------|------------|------------|------------|----------|----------------|----------------|----------------|----------|
| $A_0$ | $f$ | $t$ | $t$ | $t$ | $t$ | $\cdots$ | $t$ | $f$ | $t$ | $t$ | $\cdots$ | $t$ | $f$ | $t$ | $\cdots$ |
| $A_1$ | $f$ | $f$ | $t$ | $t$ | $t$ | $\cdots$ | $t$ | $t$ | $f$ | $t$ | $\cdots$ | $t$ | $t$ | $f$ | $\cdots$ |
| $A_2$ | $f$ | $f$ | $f$ | $t$ | $t$ | $\cdots$ | $t$ | $t$ | $t$ | $f$ | $\cdots$ | $t$ | $t$ | $t$ | $\cdots$ |
| $A_3$ | $f$ | $f$ | $f$ | $f$ | $t$ | $\cdots$ | $t$ | $t$ | $t$ | $t$ | $\cdots$ | $t$ | $t$ | $t$ | $\cdots$ |
| $A_4$ | $f$ | $f$ | $f$ | $f$ | $f$ | $\cdots$ | $t$ | $t$ | $t$ | $t$ | $\cdots$ | $t$ | $t$ | $t$ | $\cdots$ |
| $\vdots$ | $\vdots$ | $\vdots$ | $\vdots$ | $\vdots$ | $\vdots$ | | $\vdots$ | $\vdots$ | $\vdots$ | $\vdots$ | | $\vdots$ | $\vdots$ | $\vdots$ | |
| $B$ | $f$ | $f$ | $f$ | $f$ | $f$ | $\cdots$ | $f$ | $t$ | $t$ | $t$ | $\cdots$ | $t$ | $t$ | $t$ | $\cdots$ |

在这个修正序列，句子 $B$ 是稳定真的。不难证明，句子 $B$ 在任意修正序列中都是稳定真的。所以，$B$ 断然真。

句子 $A_n$ 则不是稳定真的。以 $A_0$ 为例。因为对任意极限序数 $\gamma$，$A_0$ 在 $h_{\gamma+1}$ 下都是假的，所以对任意序数，都有比它大的序数使得 $A_0$ 为假。我们使用稳定真这个概念确认 $A_0$ 的真值。但 $A_0$ 的真值在修正序列中仍表现相当的规律性。显然，我们可以说 $A_0$ 是倾向于为真的，或者 $A_0$ "几乎"是真的。

**定义 12.7** 令 $\mathcal{L}^+$ 是一个真语言，$\mathfrak{M} = (D, I)$ 是 $\mathcal{L}^+$ 的一个基模型。令 $H$ 是一个 $On$ 长的假设序列。令 $d \in D$。

- 称 $d$ 在 $H$ 中是几乎稳定真的（nearly stably true），如果存在一个序数 $\alpha$ 使得，对任意 $\beta \geqslant \alpha$，存在自然数 $n$ 使得对任意自然数 $m \geqslant n$ 有，$h_{\beta+m}(d) = t$。

- 称 $d$ 在 $H$ 中是几乎稳定假的（nearly stably false），如果存在一个序数 $\alpha$ 使得，对任意 $\beta \geqslant \alpha$，存在自然数 $n$ 使得对任意自然数 $m \geqslant n$ 有，$h_{\beta+m}(d) = f$。

"真"的修正理论并不是一个单独的理论，我们更应该把它看作一种讨论句子真值的方法。文献中有多种性质不一的修正理论。下面我们定义两个修正理论 $T^*$ 和 $T^\#$，它们分别基于修正和几乎稳定概念。

**定义 12.8** 令 $\mathcal{L}^+$ 是一个真语言，$\mathfrak{M} = (D, I)$ 是 $\mathcal{L}^+$ 的一个基模型。令 $A$ 是 $\mathcal{L}^+$ 中的句子。修正理论 $T^*$ 和 $T^\#$ 中的有效公式分别定义如下：

- 修正理论 $T^*$：$A$ 在 $\mathfrak{M}$ 中是有效的，当且仅当，$A$ 在所有修正序列中都是稳定真的。

- 修正理论 $T^\#$：$A$ 在 $\mathfrak{M}$ 中是有效的，当且仅当，$A$ 在所有修正序列中都是几乎稳定真的。

我们可以从两个修正理论的性质出发，比较它们的优劣。

**定理 12.1** 令 $\mathcal{L}^+$ 是一个真语言，$\mathfrak{M} = (D, I)$ 是 $\mathcal{L}^+$ 的一个基模型。令 $A$ 是 $\mathcal{L}^+$ 中的任意句子。则按照修正理论 $T^\#$，如下句子在 $\mathfrak{M}$ 中是有效的：

- $T'\neg A' \to \neg T'A'$

另外，我们有

**定理 12.2** 存在真语言 $\mathcal{L}^+$ 及它的一个基模型 $\mathfrak{M} = (D, I)$ 和一个句子 $A$ 使得，按照修正理论 $T^*$，下面的句子在 $\mathfrak{M}$ 中不是有效的：

- $T'\neg A' \to \neg T'A'$

至少从上面两个定理出发，$T^\#$ 是一个比 $T^*$ 更好的修正理论。不同修正理论优劣的比较是一个悬而未解的重大问题。

我们可以多种不同的方式处理极限序数，从而得到不同的修正序列。我们可以讨论句子在修正序列中的不同表现，如稳定真、几乎稳定真，或者更复杂更精细的结构。有些句子在所有的修正序列中都不是稳定的；有些句子在某些但不是所有修正序列中是稳定的；有些句子总是稳定的，但在一些修正序列中是稳定真，在其他修正序列中则是稳定假。依据句子的这些不同的表现，可以讨论它们所对应的"真"的概念。如果使用"几乎稳定"替换"稳定"呢？或者只是部分使用"几乎稳定"？或者使用其他类似"稳定"的概念呢？如此种种，即是提出的具体的逻辑学技术问题，也需要进行深入严谨的概念澄清和辩护。现有的修正理论除 $T^*$ 和 $T^\#$ 外，还有 $T^C$、$T^G$、$T^H$、$T^W$、$T^Y$、$T^{FV}$ 等，它们分别基于不同的修正序列的性质。

古普塔和贝尔纳普将他们修正理论的研究方法推广使用到更一般的问题。他们讨论了循环定义的问题。乍一看来，循环定义是没有意义的，使用一个概念自身来定义自己，并不能真正澄清这个概念。但是，正如本章对悖论、自指、真谓词的讨论，并不是所有循环定义都是无意义的。使用修正理论的方法，我们可以对循环定义做分类研究。古普塔和贝尔纳普关于"真"的修正理论，是他们关于循环定义的修正理论的特例。

在真语言中，T 双态表达为下面的句子：

**TB**：$T'A' \leftrightarrow A$

显然，句子 TB 在任意修正理论中都不是有效的。说谎者悖论就是它的一个反例。如果要把 TB 作为一个不可取消的基本原则，那么为了保持一致性，我们只能放弃作为基础逻辑的经典逻辑。

## 12.3　不动点理论

克里普克的不动点理论是一种不同于修正理论的"真"理论。不动点理论不使用经典逻辑，而是使用多值逻辑处理"真"理论。类似说谎者悖论这样的句子，它的真值是"非真非假"，即第三值。使用不同的三值逻辑，可以得到不同的不动点理论。一般使用最多的是强克林三值逻辑（参见 10.6 节）。本书不再对不动点理论做详细介绍。

# 参 考 文 献

Adams E W, 1970. Subjunctive and indicative conditionals[J]. Foundations of Language, 6(1): 89-94.

Anderson A, Belnap N D, 1975. Entailment: The Logic of Relevance and Necessity, Volume 1[M]. Princeton: Princeton University Press.

Anderson A, Belnap N D, Dunn J M, 1992. Entailment: The Logic of Relevance and Necessity, Volume 2[M]. Princeton: Princeton University Press.

Brady R T, 2003. Relevant Logics and Their Rivals, Volume 2[M]. Aldershot: Ashgate.

Burgess J P, 2002. Basic Tense Logic[M]//Gabbay D M, Guenthner F. Handbook of Philosophical Logic, 2nd, Volume 7. Dordrecht: Kluwer Academic Publishers.

Carnap R, 1947. Meaning and Necessity: A Study in Semanitics and Modal Logic[M]. Chicago: Chicago University Press.

Chang C C, Keisler J, 1966. Continuous Model Theory[M]. Princeton: Princeton University Press.

Chellas B, 1980. Modal Logic: An Introduction[M]. Cambridge: Cambridge University Press.

Cocchiarella N B, 1984. Philosophical Perspectives in Tense and Modal Logic[M]//Gabbay D M, Guenthner F. Handbook of Philosophical Logic, Volume 2. Dordrecht: Kluwer Academic Publishers.

Cresswell M, 2001. Modal Logic[M]//Goble L. The Blackwell Guide to Philosophical Logic. Malden: Blackwell Publishers Ltd.

Dummett M, 1975. The Philosophical Basis of Institutionist Logic[M]//Rose H E, Shepherdson J C. Logic Colloquium' 73. Amsterdam: North Holland.

Dummett M, 1977. Elements of Intuitionism[M]. Oxford: Oxford University Press.

Fine K, 1975. Vagueness, truth and logic[J]. Synthese, 30: 265-300.

Fitting M, Mendelsohn R, 1999. First Order Modal Logic[M]. Dordrecht: Kluwer Academic Publishers.

Gabbay D, Guenthner F, 2001. Handbook of Philosophical Logic[M]. 2nd. Dordrecht: Kluwer Academic Publishers.

Girle R, 2000. Elementary Modal Logic[M]. London: Acumen.

Goble L, 2001. The Blackwell Guide to Philosophical Logic[M]. Malden: Blackwell Publishers Ltd.

Heyting A, 1956. Intuitionism: An Introduction[M]. Amsterdam: North-Holland.

Hilpinen R, 2001. Deontic Logic[M]//Goble L. The Blackwell Guide to Philosophical Logic. Malden: Blackwell Publishers Ltd.

Hintikka J, 1962. Knowledge and Belief: An Introduction to the Logic of the Two Notions[M]. Ithaca: Cornell University Press.

Hughes G E, Cresswell M J, 1996. A New Introduction to Modal Logic[M]. London: Routledge.

Jeffrey R, 1991. Formal Logic: Its Scope and Limits[M]. 3rd. New York: McGraw-Hill.

Kripke S, 1959. A completeness theorem in modal logic[J]. Journal of Symbolic Logic, 24(1): 1-14.

Lewis D, 1968. Counterpart theory and quantified modal logic[J]. Journal of Philosophy, 65: 113-136.

Lukasiewicz J, 1967. Philosophical Remarks on Many-Valued Systems of Propositional Logic[M]//McCall S. Polish Logic, 1920–1939. Oxford: Clarendon Press.

Mints G, 2000. A Short Introduction to Intuitionist Logic[M]. Dordrecht: Kluwer Academic Publishers.

Øhrstrøm P, Hasle P F V, 1995. Temporal Logic: From Ancient Ideas to Artificial Intelligence[M]. Dordrect: Kluwer Academic Publishers.

Prior A N, 1957. Time and Modality[M]. Oxford: Clarendon Press.

Restall G, 2006. Logic: An Introduction[M]. London: Routledge.

Russell B, 1903. The Principles of Mathematics[M]. Cambridge: Cambridge University Press.

Thomason R, 1984. Combinations of Tense and Modality[M]//Gabbay D, Guenthner F, 2001. Handbook of Philosophical Logic, Volume 7. Dordrecht: Kluwer Academic Publishers.

van Dalen D, 1986. Intuitionist Logic[M]//Gabbay D M, Guenthner F. Handbook of Philosophical Logic, Volume 5. Dordrecht: Kluwer Academic Publishers.

van Heijenoort J, 1967. From Frege to Gödel[M]. Cambridge, MA: Harvard University Press.

Venema Y, 2001. Temporal Logic[M]//Goble L. The Blackwell Guide to Philosophical Logic. Malden: Blackwell Publishers Ltd.

von Wright G H, 1957. DeonticLogic[C]//Von Wright G H. Logical Studies. London: Routledge & Kegan Paul.